Rüdiger Opelt

Protest der Jungen

Zukunft in Gefahr

Salzburg 2019

Für
Lisa Golda, Steffi Metz, Djalila NasfiGälli
und all die klugen Frauen,
die die Welt verändern

Nachdruck oder Vervielfältigung nur mit Genehmigung des Autors gestattet. Verwendung oder Verbreitung durch nicht autorisierte Dritte in allen gedruckten, audiovisuellen und akustischen Medien ist untersagt. Die Textrechte verbleiben beim Autor. Für Satz- und Druckfehler keine Haftung.

Impressum:

Dr. Rüdiger Opelt, Georg-Rendl-Weg 46, 5111 Bürmoos ,

Saw Partner

r@opelt.com, **www.opelt.com**

KDP-ISBN: 9781077675353

Satz:	Michael Opelt /Schörfling/**Saw** partner
Lektorat:	Maximilian Rennmayr/Linz
Cover:	Monika Steiner/Lambach
Front:	student demonstration, Mexico august 27th, 1968, by Marcell li Perelló,
Back:	Studio photograph of Mohandas K. Gandhi, London, 1931 Copyright expired 50 years after publication. It was most probably published in USA at the time.

Book by S.A.W. Edition; **sawedition@gmail.com**

Dieses Buch ist erhältlich beim Autor
www.opelt.com, r@opelt.com und bei www.amazon.de

Salzburg 2019

Inhaltsverzeichnis

Einleitung

Vor 10 Jahren warnte der Soziologe Wolfgang Gründiger (2009) vor dem Zerbrechen der Generationengerechtigkeit. In einer alternden Gesellschaft drohe ein Kampf der Jungen gegen die Alten um Pfründe, Posten und Prestige. Zwar betonen alle, wie wichtig die Zukunft unserer Kinder ist: Die Chancen der jungen und auch zukünftiger Generationen auf Befriedigung ihrer Bedürfnisse sollten wenigstens so groß sein wie die der älteren und vorangegangenen Generationen. Die Realität sieht anders aus: Die Älteren hinterlassen ihren Kindern und Kindeskindern ein schweres Erbe, in Sachen Rente, Staatsverschuldung, Ökologie, Bildung, Wohnen und Arbeitsmarkt. Ohne einen Dialog der Generationen werde ein Aufstand der Jungen kommen, es drohe ein Krieg der Generationen um die schwindenden Ressourcen unseres Planeten.

Die Gerontokraten blieben jedoch blind und taub. Man hat es sich ja schließlich in seinen Luxusapanagen gemütlich eingerichtet. Die Jungen braucht man nicht ernst zu nehmen, die haben ja nicht einmal ein Wahlrecht und sollen sich gefälligst erst mal ihre Sporen verdienen und Erfahrungen sammeln auf dem Weg zum anerkannten Experten. In 20 Jahren vielleicht, so um die 40, dürften sie den Mund aufmachen, zumindest die besten und intelligentesten von ihnen, sicher nicht alle.

Nun ist der Aufstand da. Greta Thunberg und die demonstrierenden Schüler treiben die säumige Politik vor sich her, Influencer kümmern sich keinen Deut um überlieferte Rechte, Start-Ups stellen die Welt der Wirtschaft auf den Kopf. Es kann offensichtlich nicht so weitergehen wie gewohnt: Zu schnell verändert sich die Welt, zu bedrohlich sind die Gefahren, zu begrenzt die verbleibenden Ressourcen der gequälten Natur. Die Jungen spüren, dass man ihnen seit ihrer Geburt einen Bären nach dem anderen aufbindet – von wegen, sie würden es einmal besser haben als ihre

Eltern, sie seien verwöhnte Wohlstandskinder und alle Möglichkeiten stünden ihnen offen. Immer mehr dieser Versprechen stellen sich als karge Karotten heraus, die man den Eseln vor die Nase hält, damit sie brav vorwärts traben. Sie merken, dass man sie für Esel hält, die man leicht übers Ohr hauen kann und sie haben langsam die Nase voll davon.

Weil Wohnungen zu Investments verkommen und unbezahlbar geworden sind, müssen sie weiter bei den Eltern wohnen oder bei Freunden unterkommen.

Keine Chance, sich ein Startkapital zu ersparen, seit Nullzinsen alle schleichend enteignen und das Studium nur mit hoher Verschuldung zu schaffen ist.

Die Natur zerbröselt vor ihren Augen, Insekten, Biotope, heile Landschaft, gesundes Klima – alles wird es nicht mehr geben, wenn sie einmal die Verantwortung tragen werden.

Sie dürfen hohe Pensionszahlungen leisten, werden aber nie eine Pension erhalten oder erst, wenn sie Methusalems sind.

Ein Korruptionsskandal jagt den nächsten, die Mächtigen bereichern sich hemmungslos und dass für die Jungen nichts mehr übrigbleibt, wen kümmert das?

Sie haben die Nase voll und zeigen das auch. Sie werden nicht aufhören zu demonstrieren, bis man sie ernst nimmt.

Und das ist gut so. Denn ihnen gehört die Zukunft. Sie haben begonnen, sich um die Zukunft zu kümmern, damit sie noch eine haben.

Die begüterten Alten, die ihre wohlerworbenen Rechte auf Kreuzfahrtschiffen und Fernreisen verprassen, mögen sich noch in Sicherheit wiegen, weil sie längst die Mehrheit der Bevölkerung sind, denen einst fortschrittliche Parteien Geschenke machen, um an der Macht zu bleiben. Aber sie sollten sich schon mal die Frage stellen, ob das alles noch vertretbar und gerecht ist. Kann sein, dass die Jungen das böse Spiel bald nicht mehr mitspielen, sich neue Wege in die Zukunft suchen und auf Pensionszahlungen und Hochbesteuerung pfeifen.

I. Die Schmerzen der Kindheit

Allgemein herrscht die Meinung, dass es Kindern noch nie so gut hatten wie heute. Das gilt allerdings nur für Europa und die entwickelten Länder, denn in aller Welt werden Kinder immer noch ausgebeutet, verhungern, müssen arbeiten. Aber auch bei uns gilt diese Maxime nur, was die materielle Versorgung betrifft, und nicht einmal da für alle. Kind-Sein birgt immer noch ein hohes Armutsrisiko, auch bei uns. Aber die Mehrheit der Kinder hat jede Menge Spielzeug und Schokoriegel, wird mit dem Auto in die Schule gefahren und mit dem Flugzeug in den Urlaub gekarrt. Ob das alles so gut und kindgerecht ist, ist zu hinterfragen. Wenn es um die psychosoziale Gesundheit der Kinder geht, haben viele Kinder es schlechter als frühere Kindergenerationen: Sie sind isolierter, haben weniger Kontakt zu den Müttern und Betreuern, haben weniger Freiheit und Bewegungsspielraum, essen meist ungesünder. Die psychischen Krankheiten von Kindern werden nicht weniger, sondern mehr.

Dies hat damit zu tun, dass vor lauter materiellem Streben nach Wohlstand immer weniger Zeit für Kontakt, Gespräche und unbelastete Freizeit übrig ist. Es gibt zwar Wohlstand, aber auch immer mehr Wohlstandsverwahrlosung. Waren früher die Kinder den ganzen Tag in Kontakt mit Menschen, Tieren und Natur, so beschäftigen sie sich heute vor allem mit Dingen und Geräten. Das sie vor allem in ihre Handys starren, ist beklagenswert, aber nicht die Schuld der Kinder. Denn unsere Gesellschaft bietet ihnen wenig sonstige kindgerechte Alternativen.

Noch dazu sind belastete Kinder die Mülleimer der ungelösten Probleme der Vergangenheit. Die Traumata der Familien sind von vielen Eltern nicht aufgearbeitet worden, sondern werden nach wie vor zur Seite geschoben und verdrängt. Da sensible Kinderseelen alles spüren, was Sache ist, drücken Kinder als Symptomträger die ungelösten Probleme der Familie und der Gesellschaft aus, in der unbewussten Hoffnung, dass die Erwachsenen sich darum kümmern werden. Wenn dies in den 20 Jahren bis zum Erwachsenwerden nicht geschieht, tragen die Kinder chronische Schäden davon, die ihren Lebenserfolg auf Dauer vermindern.

Kindgerechte Bildung und seelische Gesundheit sind Voraussetzungen für Erfolg und Glück im Leben. Das wissen wir längst. Die notwendigen Konsequenzen sind aber großteils noch nicht gezogen. Nur ein Teil der Kinder wächst unter optimalen Wachstumsbedingungen auf. Zugegeben, heute sind Kinder gesünder als in früheren Generationen und haben deshalb genug Energie, um im Erwachsenenalter die Aufgaben zu meistern, die auf sie zukommen. Nach wie vor hat ein großer Teil der Kinder und Jugendlichen aber jede Menge seelischer Narben, Frustrationen und zu wenig Chancen, etwas aus sich zu machen. So ist das Protestpotential in zweifacher Hinsicht groß:

Die gesunden Kinder, die unter guten Bedingungen aufgewachsen sind, sehen die Probleme unserer Welt viel klarer als frühere Generationen und sind auch entschlossener, dagegen anzukämpfen. Sie gehen auf die Straße, demonstrieren und fordern Veränderung ein.

Die belasteten Kinder sind noch voller Zorn, Frust und Angst und erfüllen die Forderungen der anderen mit Leben. Sie sind Mahnmale dafür, dass so vieles noch nicht in Ordnung ist und schreien ihr Unglück in die Welt hinaus.

So nährt sich der Protest der Jungen aus mehreren Quellen: Aus der Vernunft der Klugen, die sich kein X für ein U mehr vormachen lassen. Aus der Emotion der Gequälten, die endlich nicht mehr traumatisiert werden wollen. Und aus der Angst der Sensiblen, die die Gefahren spüren, die wir nicht länger ignorieren dürfen.

Jede Gesellschaft hat die Kinder, die sie verdient, denn sie spiegeln, was die Gesellschaft ihnen vorlebt. Deswegen sollten wir unsere Kinder und Jugendlichen ernst nehmen, ihnen zuhören und Konsequenzen aus ihren Forderungen ziehen. Dann bekommen vielleicht unsere Kinder statt eines Bouquets an Endzeitkatastrophen die Zukunft, die sie verdienen.

Kinder und Kindheiten

In Europa gilt die Kindheit als die glücklichste Zeit des Lebens. Man darf unbeschwert von Verantwortung spielen was man will, wird von den Eltern beschützt, die sich um alles kümmern. Mama, Papa, Oma, Opa – alle sind voller Liebe, die das Kind nährt.

Diese Idealvorstellung hält der Realität nicht stand: Jedes 5. Kind wächst in Armut auf, obwohl gleichzeitig ein Bild der Kindheit als Schutz- und Entwicklungsraum optimaler Förderung konstruiert wird. Seit den 1980er Jahren wird ein Verschwinden der Kindheit durch soziale Veränderungen beklagt. Vorstellungen von verarmter Kindheit, von in Watte gepackten Kindern, von notwendiger Frühförderung und Bildungskindheit, um auf die Leistungsgesellschaft vorzubereiten, geistern durch den Raum. Gleichzeitig sind es die sozioökonomischen Bedingungen, die eine solche Bildungskindheit verhindern (Kaul 2018).

Die Vorstellungen von Kindheit werden in einer spezifischen Zeit und Gesellschaft konstruiert. Die Vorstellungen sind dabei variabel, weil durch die Kindheit der Erwachsenen grundiert. Derzeit erfolgt eine Verzweckung der Kinder im Sinne von Bildungs- und Leistungsgesellschaft. In der sozialpädagogischen Diskussion werden die sozialstrukturellen Zusammenhänge ausgeblendet. Dies wird vor allem durch die Erzieher festgelegt, die Sicht der Kinder bleibt außen vor.

In der Jugendwohlfahrt ist der Fokus der Betreuer auf das defizitäre Fehlverhalten von Eltern und Betreuern gerichtet, der Blick auf das

Kind fehlt oft. Diese Einschätzung überlagert sich mit Ausgrenzungsvorgängen, in denen bestimmte sozial Schwache stigmatisiert werden und von vornherein keine Chance auf soziale Integration haben.

Die Bedürfnisse von Kindern werden den Vorstellungen der Eltern nachgeordnet. Dies zeigt sich beim Social Freezing, dem Einfrieren von Eizellen, die später wieder eingepflanzt werden und auch Schwangerschaften nach Krankheiten und nach der Menopause ermöglichen. Grund dafür sind Berufs- und Bildungswünsche der Mütter, die das Kinderkriegen auf später verschieben. Dies schafft einerseits Möglichkeiten für Kinder, als Wunschkinder auf die Welt zu kommen, aber auch Probleme mit alten Eltern, die schnell überfordert sind.

Unsere gesellschaftlichen Kinderbilder sind nur scheinbar klar, in Wirklichkeit aber divergieren sie individuell, verändern sich von Generation zu Generation und unterscheiden sich von Kultur zu Kultur.

Erst die moderne Reformpädagogik hat betont, dass Kinder Achtung verdienen und ernst genommen werden sollten. Korczak (2019), ein erfahrener polnischer Arzt, gründete ein Kinderheim, ging mit seinen Kindern ins Warschauer Ghetto und in den Tod. Schon vor 100 Jahren hatte er das beste Rezept für die Kindererziehung herausgefunden und es konsequent praktiziert. Das Prinzip der Kinderrechte geht auf ihn zurück. Sein Heim war ein „Kinderstaat", die Kinder durften selbst die Regeln ihrer Disziplin entwickeln, fühlten sich ernst genommen. Kern aller Versuche Korczaks war die Liebe zu jedem einzelnen Kind und das Vertrauen in die Entwicklungsmöglichkeiten der Kinder.

Traurig, dass die Nazis diesen Mann und sein Wissen so vernichten konnten, dass in den Heimen der Nachkriegszeit die Gewaltpädagogik der Nazis überlebte. Als junger Psychologe in der Kinderpsychiatrie hatte ich alle Hände voll zu tun, diese „schwarze

Pädagogik" abzumildern, kam dabei zu denselben Überzeugungen wie Korczak. Noch 1982 wurde mir das als Naivität ausgelegt. Leider kamen Korczaks Bücher auch im Psychologie-Studium nicht vor, waren völlig vergessen. So sorgte man damals für „Nachhaltigkeit".

Jedes Kind hat einen Plan

In der Vergangenheit sah man Kinder als unfertige Erwachsene an, denen man durch Erziehung die Prinzipien der Gesellschaft erst beibringen musste. Intelligenz und Vernunft der Kinder galten als begrenzt, weswegen Kinder auf die Anordnungen der Erwachsenen angewiesen wären.

Reformpädagogik und Entwicklungspsychologie zeigten ein anderes neues Bild der Kinder. Man geht heute von einer allgemeinen Lebenskompetenz von Anfang an aus, sogar der „kompetente Säugling" kommuniziert bereits mit den Bezugspersonen, bringt diese dazu, auf ihn einzugehen und passt sich an die Erwachsenen an. Jedes Kind hat von Anfang an ein inhärentes Programm, das sich allmählich entfaltet.

Jedes Kind hat einen Plan, was es mit seinem Leben machen will. Jeder Mensch hat eine Aufgabe, für die er auf der Welt ist. Wenn man in dieser Aufgabe aufgeht, ist man glücklich und nimmt dafür jede Anstrengung in Kauf. Wenn man daran gehindert wird, ist man unglücklich, wird krank, funktioniert mehr schlecht als recht, zieht sich im Extrem in eine Verweigerungshaltung zurück. Kinder, die die Schule verweigern, werden von der Pädagogik nicht richtig abgeholt. Die 15% funktionalen Analphabeten, die unsere Pflichtschule produziert, sind ein Alarmzeichen dafür, dass etwas gewaltig schief läuft.

Menschen sind individuell, jeder hat andere Wünsche und Stärken. In den letzten 280 Jahren glaubte der Staat, darauf keine Rücksicht nehmen zu müssen. Das Ziel der von Maria Theresia gegründeten Pflichtschule war der normierte Beamte, den man an jede Stelle des Verwaltungsapparats hinstellen konnte. Das ist immer noch so, nur viele Kinder spielen dabei nicht mehr mit.

Vor 100 Jahren haben Rudolf Steiner in Deutschland, Maria Montessori in Italien und John Dewey in Amerika entdeckt, dass es das normierte Durchschnittskind nicht gibt, dass es vielmehr die individuelle Förderung für die jeweilige Lebensaufgabe jedes Kindes braucht. Seitdem versuchen Reformpädagogen, diese Erkenntnis in die Praxis umzusetzen und scheitern regelmäßig damit. Die Waldorfschulen leben Steiner´s Prinzip und haben gute Erfolge damit, werden aber als esoterische Spinnerei abgetan. So können die Bildungspolitiker weiter ungestraft an der staatlichen Monopol-Schule herumdoktern, die niemand zufrieden stellt, außer die politischen Parteien, die ihre Finger nicht vom Schulsystem lassen können, um weiter unproduktiv darüber streiten zu können.

Die Zentral-Matura ist der letzte Geniestreich der Bildungsexperten. Sie sorgt zwar laufend für Skandale, aber das ficht die Fachleute nicht an, denn jetzt kann man endlich empirisch überprüfen, ob die landesweite Menschennormierung gelungen ist. Was die Kinder davon haben, dass sie ein Wissen perfekt erlernen müssen, das in spätestens 5 Jahren überholt sein wird, tja, wenn interessiert das schon?

Ich kenne Günter Haider, den Proponenten der Pisa-Tests, persönlich. Lieber Günter, ich weiß, du hast es gut gemeint, aber du hast nicht verstanden, was du den Kindern mit diesem Nivellierungs-Wahnsinn antust.

Man muss kein Esoteriker sein, um die Verschiedenheit der Kinder zu erkennen. Ob es an den Genen liegt, an den familiären Modellen, an einem geistigen Seelenauftrag oder an einer Mischung aus alledem – die Lebenslaufforschung zeigt, dass Talent, Motivation und Beruf jedes Menschen sich wie am roten Faden aneinandergereiht zusammenfügen, von der frühen Kindheit bis zum Tod. Es sind die Kernbegabungen und Motivationen, die einen Menschen erfolgreich machen, je früher und länger er diese trainieren kann, desto mehr wird er in seinem Leben erreichen an Erfolg, Sinn, Glück und Wirkung auf andere.

Niemand scheint die 10.000 Stunde-Regel ernst zu nehmen, die sich bei allen Erfolgsmenschen nachweisen lässt: Wenn man eine Fähigkeit 10.000 Stunden lang trainiert, bringt man sie zur Meisterschaft, egal ob es sich dabei um einen Sport, eine Technik, eine Kunst oder eine Wissenschaft handelt. Je früher man mit seinen 10.000 Stunden beginnen darf, desto schneller wird man gut. Und wenn es nur Gewichte Stemmen ist, wie bei Arnold Schwarzenegger, kann man es doch weit damit bringen, entscheidend ist die Kombination von Talent, Wunsch und Training.

Vielleicht sollen die Menschen ja gar nicht zu erfolgreich werden, jedenfalls nicht wenn es nach den Patriarchen geht, die weiter die Welt dirigieren wollen. Dann würden sie nämlich selbstbewusst und selbstbewusste Menschen kann man schwerer kontrollieren als ängstlich gehemmte. Wenn man zu 90% lernen muss, was man weder kann noch mag, dann wird das Misserfolgserleben trainiert und wächst wie ein aufgeblasener Luftballon. Wenn man nur auf seine Fehler gestoßen wird, geht die Selbstsicherheit schnell verloren. Dann lernt man, jeden Platz zu akzeptieren an den man gestellt wird, jedes Fließband, jede Kompagnie und jeden Bildschirmarbeitsplatz. Man lernt auch, sich selbst zu ignorieren, denn eigene Gefühle und Sehnsüchte stören da bloß, sind unerwünscht und „nicht objektiv".

Wir erziehen unsere Kinder zu Maschinen, nur um uns zu fürchten, dass Maschinen ihnen bald die Arbeit wegnehmen werden. Wie dumm ist das denn?

Wenn man ein Leben verpfuschen will, ist Nivellierung der beste Weg. Schon vor 50 Jahren wies mein Doktorvater, Prof. Wilhelm Revers (1968), darauf hin, dass wir die Jugend ständig frustrieren und uns dann wundern, dass nichts aus den Jungen wird. Das Kochrezept für eine erfolgreiche Lebensblockierung ist einfach:

1. Man kümmere sich nicht um die Kinder
2. Man mache ihre Talente schlecht
3. Man rede ihnen ihre Wünsche aus
4. Man trample konsequent und ausdauernd auf ihrem Selbstwert herum.

Schon Alfred Adler wies vor 100 Jahren nach, dass man mit diesem Rezept instabile Persönlichkeiten produzieren kann, die sich minderwertig fühlen und geltungssüchtig sind. Aber Adler ist ja Gott sei Dank nach Amerika ausgewandert, in Österreich hält man eisern am Prinzip Abhärtung durch Frustration fest. Denn sonst würden die Bäume ja in den Himmel wachsen, wo kämen wir da hin?

Fehler statt Freude

Jedes Kind hat ein Talent. Talent ist etwas, was man gern tut, gut kann, etwas, was einen begeistert und mit Freude erfüllt.

In der Schule wird Talent meist nicht gefördert sondern zerstört. Im besten Fall wird es ignoriert und man entwickelt es heimlich weiter, bis man selbstbewusst genug ist, die zu erwartende Kritik auszuhalten.

Mein Talent ist die Sprache. Ich kann es erst jetzt als Pensionist ausleben, obwohl es immer schon meine größte Sehnsucht war.

Ich schreibe gern. In der Volksschule, auf dem Heimweg von der Schule, ist mir mein erstes Gedicht eingefallen, über ein Kind und eine Biene. Ich erinnere mich daran, mit welcher Begeisterung ich es zu Hause aufgeschrieben habe. Leider habe ich den Zettel nicht aufgehoben, denn im Deutschunterricht war Kreativität kein Thema, bei Kindern schon gar nicht. Heute könnte ich das Bienengedicht gut brauchen, weil viele Kinder keine Bienen mehr kennen.

Ich war gut in Deutsch, im Unterricht ging es aber vor allem um Rechtschreibung, bei jedem Aufsatz wurden die Fehler rot angestrichen. Bei der Matura konnte ich die Rechtschreibung perfekt, dafür hatte ich vor lauter Angst vor Fehlern meine Kreativität verloren. Vor lauter Angst, Fehler zu machen, traute ich mir nicht zu, mit Sprache mein Geld zu verdienen.

20 Jahre später schrieb ich psychologische Fachartikel und die Freude war wieder da. Allerdings hatten die schlauen Germanistik-Professoren inzwischen die deutsche Rechtschreibung geändert und mein perfektes Maturawissen nutzte mir gar nichts. Die Bedeutung und Notwendigkeit der „Neuen Rechtschreibung" ist mir bis heute nicht klar, außer dass die Professoren damit ihre schwindende Bedeutung unterstreichen konnten.

Dies ist nur ein Beispiel, wie die normierte Wissenschaft Kreativität behindert statt sie zu fördern. So wie mir erging es vielen – man läuft ein Leben lang seinem Traumziel hinterher und hat nur gelernt, dass man nicht gut genug ist. Kritik ist wichtiger als Bestärkung. Das ist kein guter Weg, um die Talente unseres Landes zum Blühen zu bringen, die wir doch angeblich so dringend brauchen.

Die „Deutsch-Reform" der mächtigen Professoren ging allerdings nach hinten los. So wie ich im fortgeschrittenen Alter bemerkten auch alle Jungen, dass man den ganzen Perfektions-Zauber gar nicht ernst zu nehmen braucht. Wenn nicht einmal die Obergescheiten einig sind, wie richtiges Deutsch geht, warum sich an pedantische Rechtschreibregeln halten? Die Jungen texten wild drauflos, die meisten Gedichte werden heute von Rappern geschrieben. Unsere Sprache wurde wieder lebendig, entwickelt viele Formen und Stilmittel, das war schon immer so. Man darf wieder reden und schreiben, wie einem der Schnabel gewachsen ist. So geht Kreativität!

Schade, dass uns das in der Schule nicht beigebracht wurde.
Fehler korrigieren können Computer auch, dazu braucht man keine Menschen. Also, warum piesackt man die Kinder weiterhin mit rot angestrichenen Fehlern? Damit sie weiterhin die Freude an ihren Talenten verlieren?

Erkenntnisse der Entwicklungspsychologie

Vor 100 Jahren wurde in Österreich die Entwicklungspsychologie des Kindes- und Jugendalters entwickelt. Sigmund und Anna Freud erklärten das Kindesalter tiefenpsychologisch, Charlotte Bühler tat es empirisch. Seit langem wissen wir alles, was wir wissen müssen, um mit Kindern richtig umzugehen (Pauen 2016). Leider ist dieses Wissen immer noch kaum in Erziehung und Schulsystem angekommen.

Etwa die Langzeitstudie von Emmy Werner auf Hawaii, die zeigte, dass Kinder mit Schwangerschaftsstörungen im 10. Lebensjahr kognitiv und emotional nahezu normal entwickelt sind, wenn sie in einer fördernden Umgebung aufwachsen. Behinderungen blieben nur auf Dauer, wenn biologische und familiäre Risiken zusammentrafen. Was ist jedoch die Erziehungsrealität, wenn Kinder schwierig sind? 80% der Eltern geben zu, ihr Kind schon einmal geschlagen zu haben. Das verschlimmert das Problem, da es die Kinder aggressiv macht. Sinnvoller sind einfühlendes Verstehen, Time-out, Alternativen anbieten.

Wie nachhaltig ist Deprivation? Rumänische Waisenhauskinder, die vor dem 6. Lebensmonat adoptiert worden waren, konnten die Folgen schwerer Deprivation ausgleichen. Nach dem 6. Lebensmonat Adoptierte verbesserten zwar ihren körperlichen und seelischen Zustand, litten aber ein Leben lang an Restdefekten. Wird Schizophrenie vererbt? Es gibt eine genetische Komponente, aber Untersuchungen an adoptierten Kindern von Schizophrenen zeigen: nur wer von einem schizophrenen Elternteil abstammt und in einer gestörten Familie aufwächst, entwickelt Schizophrenie. Das Zusammenspiel von Erbe und Umwelt erklärt sich aus der epigenetischen Methylierung der DNA. Aus der prä- und perinatalen Entwicklungspsychologie ergeben sich eine Fülle von neuen Erkenntnissen:

Männliche Samenzellen gewinnen den Wettbewerb um die Befruchtung, wenn sie schneller sind als alle anderen, Frauen gewinnen den Wettbewerb des Überlebens, wenn sie nicht aus kulturellen Gründen abgetrieben werden wie in Indien oder China. Säugetiere lernen bereits im Uterus. So finden neugeborene Ratten die Brustwarze, weil sie den Geschmack des Fruchtwassers an der Haut der Mutter wiedererkennen. Neugeborene bevorzugen Geruch und Geschmack des mütterlichen Fruchtwassers, sowie Sprache und Stimme der Mutter. Die Schwangerschaft ist nicht immer ein Paradies: Föten können durch Alkohol, Nikotin, Medikamente und Umweltgifte geschädigt werden. Gestresste Schwangere gebären hyperaktive und aufmerksamkeitsgestörte Kinder, was an der übermäßigen Cortisol-Ausschüttung der Schwangeren liegt.

Die natürliche Geburt ist dem Kaiserschnitt überlegen. Der Druck im Gebärkanal bereitet dem Kind keine Schmerzen, presst aber das Fruchtwasser aus der Lunge und leitet hormonelle Veränderungen ein, durch die das Kind mit dem vorübergehenden Sauerstoffmangel besser fertig wird. Schmerzbetäubung der

Schwangeren verlängert die Geburt und erhöht das Risiko von übermäßigem Sauerstoffmangel (blaue Babys). Auf Bali wird die Gebärende von der gesamten Familie unterstützt und kennt sich auch aus, weil sie selbst schon bei vielen Geburten anwesend war. In Amerika steht hingegen die medizinische Sicherheit im Vordergrund, was dazu führt, dass ein Drittel der Kinder per Kaiserschnitt geboren wird. Afroamerikanische Säuglinge sterben in den USA so oft wie Kinder in armen Ländern (Armut als Risikofaktor). Das psychiatrische Risiko steigt mit der Anzahl der Risikofaktoren (Armut, Streit, Kriminalität, Depression, genetische Disposition), sowohl was Intelligenzminderung als auch was sozio-emotionale Kompetenzminderung betrifft. Säuglinge verbringen viel Zeit im REM-Schlaf, der den Mangel an visueller Stimulation im Uterus und in den ersten Lebensmonaten ausgleicht.

Die vielzitierten genetischen Ursachen sind nicht so kausal wie gedacht: Die Biologie der menschlichen Entwicklung stellt sich als komplexe Prägung des Phänotyps durch Genotyp und Umwelterfahrung dar. Der Großteil des Genoms ist in seiner Funktion noch unbekannt. Durch komplexe Genexpression kann ein und dasselbe Gen zu verschiedenen Zeitpunkten und an vielen Stellen wirksam werden. Emotionale Eigenschaften entstehen durch polygenetische Vererbung, d.h. an der Ausprägung von Angst oder Aggression sind meist mehrere Gene beteiligt. Der Phänotyp wird durch die Umwelt beeinflusst, d.h. genetisch identische Kinder werden in einer liebevollen Familie andere Reaktionen entwickeln als in einer aggressiven. Schlussendlich verändert die Epigenetik den Phänotyp des Kindes. Hunger und Armut haben großen Einfluss auf die Intelligenzentwicklung.

Kinder festigen durch Blicke und Gurren die Bindung zur Mutter. Sie zeigen intrinsisch motiviertes Explorationsverhalten und üben in ihrem Fantasiespiel zukünftige Situationen. Im sportlichen

Regelspiel lernen sie Selbstkontrolle und Ausdauer, was die Wahrscheinlichkeit erhöht, ein Gymnasium abzuschließen.

Die Plastizität des Gehirns wird durch die Erfahrung beeinflusst. Von einem anfangs massiven Synapsenüberschuss werden etwa 40% wieder wegreduziert, nur die Synapsen, die auch gebraucht werden, bleiben erhalten. Es gibt eine erfahrungserwartete Plastizität, das h. das Gehirn wird so gebaut, wie es für einen Menschen mit normaler Erfahrung passt. Die erfahrungsabhängige Plastizität besagt, dass jene Regionen am stärksten wachsen, die am meisten trainiert werden.

Die Entwicklungskonzepte von S. Freud und Erik Erikson beschreiben die Kindheitsphasen plastisch und anschaulich. Auch das klassische Konditionieren nach Watson und das operante Konditionieren nach Skinner bieten viele Erklärungsmöglichkeiten für menschliches Verhalten. Die emotionale Entwicklung geht in Richtung emotionaler Regulierung, welche Voraussetzung für soziale Kompetenz ist.

Die Bindungsforschung von Bowlby erklärt das Wesen der Mutter-Kind-Beziehung in verschiedenen Kategorien:

Sichere - unsichere / unsicher ambivalente / unsicher vermeidende Bindung / desorganisierte Bindung.

Selbstorganisation und Identität zeigen vier verschiedene Phasen: Identitätsdiffusion – übernommene Identität – Moratorium – erarbeitete Identität

All diese Erkenntnisse haben wesentliche Konsequenzen für die Behandlung der Kinder, die aber großteils im Alltag der Kinder nicht beachtet werden. Ganz im Gegenteil, gängige Erziehungs- und Pädagogik-Theorien fußen immer noch auf veralteten Vorstellungen darüber, wie Kinder ticken.

Delinquenzverläufe im Jugendalter

In der Einschätzung von Jugendlichen gibt es unterschiedliche Haltungen der Erwachsenen, die die Ambivalenz gegenüber der Pubertät widerspiegeln:

1. Abweichendes Verhalten wird als Jugendsünde verharmlost, die sich von selber wieder geben wird.

2. Regelüberschreitungen lösen Ängste aus, dass die Jugendlichen in Alkoholismus, Drogen- und Kriminellen-Karrieren abdriften könnten.

Dabei korrelieren die Reaktionen der Erwachsenen wenig mit tatsächlichen Grenzüberschreitungen, sondern mehr mit Einstellungen und Ängsten der jeweiligen Erwachsenen. Daraus ziehen die Jugendlichen ihre Schlüsse, manche denken, sie könnten sich alles erlauben, ohne Konsequenzen fürchten zu müssen, andere sind überängstlich und ziehen sich vorschnell aus Experimentiersituationen zurück.

Marc Serafin (2018), Jugendamtsleiter und Mitglied im wissenschaftlichen Fachbeirat „Kindeswohl und Umgangsrecht", untersuchte delinquente Biografie-Verläufe Jugendlicher und zog daraus Schlussfolgerungen für die Prävention von Jugenddelinquenz:

1. Problem- und Risikoverhalten Jugendlicher:
Aggressivität, Weglaufen, Schulverweigerung, Wandalismus, Selbst- und Fremdverletzung, Suchtdelikte, Diebstahl, Raub, gefährliche Drohung - die Definition der Delinquenz spiegelt die Werthaltungen unser Gesellschaft, ist aber der derzeitige Konsens über unerwünschtes Verhalten von Jugendlichen.

2. Sozialer Raum:

Wohnquartiere mit erhöhter Armut und sozialer Benachteiligung korrelieren mit erhöhter Jugenddelinquenz. Dies ist von der Chicago School of Sociology bereits vor 80 Jahren dokumentiert worden. In städtischen Räumen führt die residenzielle Segregation zur Verdichtung sozialer Belastung und zu sozialer Desorganisation, abhängig von niedrigem ökonomischem Status, ethnischer Heterogenität und residenzieller Mobilität.

3. Jugenddelinquenz im Lebensverlauf:

Individualisierung und Pluralität in modernen Gesellschaften erhöhen die Risiken von Fehlentwicklungen, da auf die Jugendlichen weniger Außensteuerung einwirkt und sich Fehlverhalten in der Peergroup hochschaukeln kann.

4. Biografische Wendepunkte:

Die Selbstdeutung der Jugendlichen zeigt folgende Risikofaktoren auf:
Toleranz gegenüber frühen Regelüberschreitungen, familiäre Belastungssituationen wie Scheidung, sozialer Absturz oder Todesfälle, fehlende familiäre Routinen und Regeln, unsichere Bindung, missachtendes Elternverhalten, fehlende Väter, Normabweichungen der Peergroup.
Dies ist aber nicht deterministisch, sondern die bewussten Entscheidungen der Jugendlichen für die Delinquenz oder für den Ausstieg aus dieser bestimmen den Verlauf.

5. Pädagogische Interventionen:

Die Konsequenzen für Jugendhilfe und Pädagogik sind: Vermeidung von Stigmatisierung und sozialer Exklusion aus Betreuungseinrichtungen und Schulsystem: Leider macht man als Helfer immer noch gegenteilige negative Erfahrungen. Oft gewinnt man den Eindruck, dass es den zugegebenermaßen belasteten

Betreuern mehr darum geht, Problemkinder loszuwerden als ihnen zu helfen, wodurch ein Teufelskreis aus Überforderung, fehlender Kontinuität, Abbrüchen und Unwirksamkeit selbst teurer Maßnahmen entsteht.

Förderung von Inklusion und Selbstwirksamkeitserfahrungen. Integrierende Schulen. Familienunterstützende soziale Arbeit. Soziale Stadtteilpolitik und Gemeinwesenarbeit

Zusammenfassend zeigt sich die Bedeutung sozialer Integrationsmaßnahmen in allen sozialen Umwelten der Jugendlichen sowie die bislang subeffiziente Treffsicherheit von Jugendhilfe-Maßnahmen auf Grund insuffizienter Evaluation derselben, speziell das Fehlen langfristiger katamnestischer Beobachtungen.

Kindheits- und Jugendsoziologie

Kindheit ist ein rares Gut geworden, seit in Europa die Geburtenraten unter das Reproduktionsgleichgewicht von 2,1 Kindern je Frau zurückgegangen sind. Die immer weniger Werdenden scheinen mit immer mehr Problemen behaftet zu sein, die Integration der knappen Ressource Kind wird schwieriger. Es gibt zu viele arme, gesundheitlich angeschlagene Kinder, zu viele anormale Jugendliche und zu wenig gut ausgebildete. Dazu kommt die zu späte Übernahme von Verantwortung in Beruf und Familie. Jugend ist eine Zwischengesellschaft, die zunehmend von ökonomischen Zwängen bestimmt wird, besonders seit der Krise von 2008, die den Jugendlichen die Integration ins Arbeitsleben erschwert hat. Die Jugendlichen werden von den Eltern in Richtung Individualisierung sozialisiert, von der Wirtschaft als potente Gruppe umworben. Durch Selbstökonomisierung steigt das Burnout-Risiko (Lange 2018).

Kindheit ist ein sozial und historisch veränderbares Konstrukt, das durch bestimmte Arrangements hervorgebracht, verändert oder stabilisiert wird. (z.B. Kindheit zu Hause bei der Mutter vs. Kita-Unterbringung). Das Konstrukt Kindheit wird durch wertorientierte Leitbilder geschaffen und wird aufgefasst als:

Entwicklungs- und Lernzeit
Zeit der Förderung durch Erwachsene
Befreiung aus riskanten Verhältnissen
geregelte und organisierte Bahn
optimale Entwicklung der Anlagen

Alle 5 Leitlinien erweisen sich als sinnvoll, bzw. ist eine Mischung aus allen 5 die Realität. In der pädagogischen Diskussion ist zu bemängeln, dass die Prämissen einer starr verfolgten Leitlinie meist weder diskutiert noch hinterfragt werden, sondern wie Glaubenssysteme verteidigt werden und aufeinanderprallen.

Jugend als eigene Lebensphase entstand im Zuge der Industrialisierung in der 2. Hälfte des 19. Jhdt. im Zuge von immer längerer Verschulung und Eindämmung von Kinderarbeit. Im 20. Jhdt. wird die Jugend zum Träger des kulturellen Wandels (z. B. durch Popmusik). Im 21. Jhdt. wird die Jugend zum Verlierer, da nur mehr 18% der Einwohner unter zwanzig sind (1871 waren es noch 50%) während 21% über 65 sind. 20% der bis 24jährigen sind in der EU arbeitslos, viele landen durch unbezahlte Praktika und teure Wohnungspreise im Prekariat.
Die unterschiedlichen Bildungschancen verschiedener Schichten sind weniger auf die unterschiedlichen Bemühungen der Eltern als auf Prozesse der Marginalisierung benachteiligter Gruppen zurückzuführen (Ausschluss aus fördernden Netzwerken). Das Familienleben wird zunehmend durch Bildungserfordernisse

kolonialisiert, wodurch die kreative Spielzeit und die Zeit für die emotionale Pflege der Eltern-Kind-Beziehung abnehmen.

Diese soziologischen Prozesse stehen im Widerspruch zu dem, was Kindheitsforscher als wünschenswerte Entwicklungsbedingungen ansehen: Remo Largo (2018) hat sich in Langzeitstudien mit Lebensläufen beschäftigt. Sein Fazit: Ein gelungenes Leben ist eines, das die eigenen Stärken und Interessen in Einklang mit der sozialen Umwelt leben und gestalten kann. Der Mensch braucht also nicht Egoismus oder Altruismus sondern beides in Harmonie miteinander. Je authentischer und selbstbestimmter wir unseren Interessen folgen können, desto öfter erreichen wir Ziele und beglückende Flow-Erlebnisse. Wir brauchen aber auch Anerkennung und das Gefühl, dass unsere Tätigkeit für andere sinnvoll ist.

Daraus ergeben sich für die Gesellschaft folgende Prinzipien: Je individueller die Möglichkeiten der Lebensgestaltung sind, je größer die Freiräume sowohl für Selbstentfaltung als auch für Kommunikation, desto glücklicher sind die Menschen. Je glücklicher die Mitglieder einer Gemeinschaft, desto motivierter und kreativer stellen sie ihre Stärken zur Verfügung. Je engagierter die Menschen, desto schneller und effizienter werden die Herausforderungen der Zukunft gemeistert. Vielfalt und Individualität sind der Schlüssel zum Gelingen.

Die Ursachen psychischer Krankheiten

Das Spannungsfeld zwischen den Bedürfnissen der Kinder und nicht kindgerechten gesellschaftlichen Vorstellungen hat unerwünschte Folgen, die meist mit Ratlosigkeit und Kopfschütteln beantwortet werden: Kinder mit psychischen, psychosomatischen und sozialen Schwierigkeiten werden mehr statt weniger, obwohl der materielle Wohlstand seit 2 Generationen steigt, derzeit allerdings in manchen Schichten auch wieder sinkt. Für funktionelles pädagogisches Verhalten bedarf es eines umfassenden Verständnisses der kindlichen Entwicklung, das aber selbst bei Lehrern und Kinderbetreuern große Defizite aufweist, im Bereich der Kinderpsychosomatik und Kinder- und Jugendpsychiatrie nur rudimentär vorhanden ist. Es gibt bislang weder eine stringente Gesamttheorie noch einen gesellschaftlichen Konsens darüber, wie man richtig mit Kindern und Jugendlichen umgeht.

Dies hat historische Ursachen: Seit 100 Jahren streiten Ärzte, Pädagogen und Psychologen verschiedener Schulen darüber, warum Menschen psychisch krank werden. Ein vernünftiger Mensch muss doch seine Ängste besiegen können?

Das Konzept, Ängste zu besiegen, geht auf militärische Vorstellungen zurück. Militärische Trainingskonzepte sind in der Erziehung weit verbreitet, setzen auf Abhärtung, damit die Rekruten extreme Gefahren aushalten und freiwillig ihr Leben riskieren, was aus Sicht unserer Lebenserhaltungssysteme mehr als unvernünftig ist. Überlebende von Kampfhandlungen sind psychisch oft so krank, dass sie rasch aus allen sozialen Netzen fallen und sogar obdachlos werden. Die Psychotraumatologie hat erforscht und anerkannt, dass Kriegseinsätze und Gewalterfahrungen ein wesentlicher Auslöser von Angststörungen sind. Dennoch war die auf harte Strafen setzende „Schwarze Pädagogik" bis vor kurzem die vorherrschende Erziehungsmethode. Die Gewalttrauma-Forschung wurde lange unterdrückt, bis vor kurzem wurden Soldaten und Gewaltopfer mit ihren Ängsten alleingelassen. Aus einem schlichten Grund: Hätte man das Leid der Opfer anerkannt und ernstgenommen, wäre es mit dem Krieg-Führen bald vorbei gewesen. Welcher Mensch, ob Mann oder Frau, der noch seine Sinne beisammen hat, geht freiwillig in den Tod und lässt sich als Kanonenfutter zerfetzen?

Warum gehen noch immer vor allem Männer sehenden Auges in den Tod?

Da muss wohl ein gerüttelt Maß an Gehirnwäsche stattgefunden haben. Wir kennen die Schlagwörter: Ruhm, Ehre, Unsterblichkeit, ein tolles Leben im Jenseits, 77 Jungfrauen für jeden Krieger, Endsieg, Kampf für Gerechtigkeit, Vaterland, Nation, Religion, Ideologie.

Alle diese Begriffe sind unsichtbar: man kann sie nicht greifen, nicht sehen, sich nichts dafür kaufen. Genau genommen sind sie jenseits aller Realität angesiedelt. Die kritischen Jugendlichen der letzten 50 Jahre brachten es auf den Punkt: Alles Hirnwixerei! Vornehmer ausgedrückt handelt es sich dabei um politische oder religiöse Ideologien, die von irgendeinem Mann zu einem bestimmten Zweck erfunden worden sind. Der Zweck ist immer derselbe: Ideologien sind dazu da, junge Männer dumm und todessehnsüchtig zu machen, damit alte Männer Geld, Macht und Ansehen gewinnen. Denn nur mit diesem Trick lässt sich patriarchalische Macht etablieren und aufrechterhalten.

Geheimdienste und graue Eminenzen wissen, worum es geht. Es geht um die Verwirrung des Gegners und der eigenen Leute, die geopfert werden sollen. Desinformation verbreiten nicht nur KGB und CIA, sondern alle Think Tanks aller Zeiten, seit es Patriarchate gibt. Das wichtigste Mittel, um mit Krieg und Gewalt mächtig zu werden, ist die Vertuschung der Gewalt und ihrer Opfer. Gewaltvertuschung ist schon so lange erfolgreich in unseren Hirnen verankert, dass wir sie gar nicht mehr hinterfragen und für völlig normal halten.

Anfang des 20. Jhdt. haben die Tiefenpsychologen entdeckt, dass die Folgen von Gewalt und Missbrauch durch Leugnung nicht verschwinden, sondern im Unbewussten weiterwirken und krank machen. Heute noch gilt dieses Wissen in der psychologischen

Forschung als suspekt, obwohl es vor 3 Generationen das Weltbild der Moderne revolutioniert hat. In meiner kinderpsychologischen klinischen Forschung konnte ich die krankmachende Wirkung von Gewalttraumata jedoch eindeutig belegen (Opelt 2002).

Geraubte Kinder

Entgegen den Mythen vom liebevollen Umgang mit Kindern war der Umgang mit Kindern in den letzten 300 Generationen meist ein ganz anderer. In den Machtstrukturen des Patriarchats der letzten 5000 Jahre wurden Kinder als Beute oder als zu vernichtendes Hindernis betrachtet.

Weil alle Raubtiere die Kinder von Rivalen töten, damit die Frauen wieder empfängnisbereit werden, hat auch der männliche Mensch diese Strategie übernommen, seit er vor 2 Mill Jahren zum Raubtier mutierte. Dies war kein Problem, solange die Menschen in kleinen Gruppen unterwegs waren, sich selten begegneten oder einfach in neue Reviere auswichen, was zur Besiedelung der ganzen Welt führte.

Mit dem Ackerbau kam es zu größerer Bevölkerungsdichte, mehrere Stämme begannen um fruchtbares Land zu streiten. In matrifokalen Kulturen gingen sie zum Handel über, wovon alle profitierten. Im Patriarchat der letzten 5000 Jahre explodierte die Raubtiermentalität der Mächtigen: Die Unterschicht klein zu halten, damit sie nicht revoltierte, gelang am besten durch Kindsmord und Kindesraub, weil dies die Mütter lähmte und die Unterschicht dezimierte. Allein in der Bibel ist dies zweifach belegt: Der ägyptische Pharao tötete die Kinder Israels, Herodes verübte den Kindsmord von Bethlehem, weswegen Maria und Josef nach Ägypten flüchten mussten. Gleiches taten alle Mächtigen bis hin zur US-Kavallerie, die die Indianer-Kinder nicht am Leben ließ, denn man wollte die Stämme ja ausrotten.

Faschistische, diktatorische und totalitäre Regime haben unzählige Kinder gewaltsam von ihren Müttern getrennt und verkauft, die Menschenhändler in aller Welt und die Warlords in Afrika tun dies heute noch. Dass Ceausescu in Rumänien tausende Kinder in Heimen verrotten ließ, um aus den so Traumatisierten seine Securitate-Schergen zu rekrutieren, kam erst nach der Wende 1989 auf. Die Balkanländer wurden auf die gleiche Weise 500 Jahre lang traumatisiert, denn die Armee des osmanischen Sultans raubte in der jährlichen „Knabenlese" die stärksten Buben, um sie zu blutrünstigen Janitscharen zu erziehen. Das Schicksal der überlebenden Lebensborn-Heimkinder ist in Deutschland bis heute nicht aufgearbeitet, niemand wurde entschädigt, bzw. überhaupt als Opfer anerkannt, weder die Heimkinder aus der NS-, der DDR- noch aus der BRD-Zeit. Das Schlimmste: die Täter machen unbehelligt und ungeschoren weiter - bis zum heutigen Tag stehlen sie Kinder.

Den unterworfenen Kolonialvölkern in aller Welt wurden seit 1492 die Kinder geraubt, um die indigenen Kulturen zu zerstören. In Kanada und Australien wurden die Kinder der Indianer und der Aborigines bis in die 1970er Jahre in Heime oder zu weißen Adoptiveltern gesteckt. Den katholischen Kinderheimen kam dabei eine unrühmliche Rolle zu. Unter dem Vorwand, den armen Heidenkindern die richtige Religion und etwas Bildung beizubringen, wurden sie von ihren Eltern und ihren Traditionen entfremdet.

Diese üble Tradition hielt auch in Mitteleuropa bis 1990 an. „Schwierige Kinder" wurden und werden immer noch ihren Müttern weggenommen und in Heime gesteckt (Heute heißen diese euphemistisch „therapeutische Wohngemeinschaften", deren Erfolg ist aber gering). In der Schweiz wurden bis 1960 „Verdingkinder" vom Jugendamt zur Kinderarbeit auf Bauernhöfe gesteckt, natürlich gegen den Willen der Eltern. Noch als junger Kinderpsychologe bekam ich von meinen Chefs ständig einen Rüffel, weil ich die psychologischen Gutachten für derartige Zwangstrennungen verweigerte. Wie es in katholischen Schwererziehbaren-Heimen zuging, ist in den letzten Jahren aufgeflogen: körperlicher und sexueller Missbrauch war nicht die Ausnahme, sondern die Regel.

Warum rücken die von männlichen Juristen und Gesetzgebern dominierten Behörden nicht von dieser unheilvollen Praxis ab? Warum helfen sie nicht den bereits von Schicksalsschlägen traumatisierten Müttern und traumatisieren sie mit jeder Kindesabnahme erneut?
Mir kommt schon seit Langem der Verdacht, dass letzteres bewusste oder unbewusste Absicht ist, die seit 100 Jahren mit der sogenannten „Milieutheorie" verbrämt wird. Kinder werden durch ihr schreckliches (Unterschicht-)Milieu schwierig, deswegen muss man sie einem besseren Milieu zuführen, also ab in staatliche Einrichtungen.
Tatsächlich geht es aber um Schwächung und Verteufelung der „bösen" Mütter. Nichts macht eine Mutter mehr fertig als Kindesraub. Kindesentführung ist das mächtigste Mittel der Mafia, um Gegner in die Knie zu zwingen oder um ihr Geld zu erleichtern. Warum also sollte staatlich organisierte Kindesabnahme segensreich sein?

Ist sie nicht. Wenn, dann nur in seltenen Fällen, wo die Mutter gestorben oder schwer psychisch gestört ist und die Sozialarbeiter um das Leben des Kindes fürchten müssen. In diesen Fällen erholt sich ein Kind am besten bei einer Adoptiv- oder Pflegemutter, die das Kind wie ein eigenes liebt.

In meiner Erfahrung der letzten 40 Jahre kommen fremduntergebrachte Kinder einer schwachen oder kranken Mutter vom Regen in die Traufe. Vorher konnten sie mit wenig

Mütterlichkeit noch gerade überleben, nachher haben sie gar keine Mutter mehr. Sonderbarerweise werden sie dann schwierige Jugendliche, obwohl das Jugendamt so viel Geld für Groß- oder Kleinheime ausgibt. Das verstehe, wer will (?).

Würden die Behörden den Gebärneid der Männer verstehen, welche den unterprivilegierten und im Stich gelassenen Frauen die Kinder per Gerichtsbeschluss abnehmen, könnten die Gelder der Jugendwohlfahrt wesentlich effizienter und heilsamer eingesetzt werden, indem man den Müttern durch Psychotherapie und Mutter-Kind-Therapie hilft, ihre durch Gewalttraumata verschüttete Mütterlichkeit neu zu entdecken.

Statt Kinderheimen braucht es Mutter-Kind-Heime, wo erfahrene Frauen und Therapeutinnen den jungen Müttern helfen, die Liebe zum Kind neu zu entdecken oder überhaupt erst kennenzulernen. Denn „schlechte" Mütter hatten meist selbst keine liebende Mutter, weil die Frauen in der Familie über Generationen durch Gewaltereignisse schwer traumatisiert waren.

Würde eine solche Mutter-Kind-Heilung sofort nach der Geburt einsetzen, hätte man nach einem halben Jahr intensiver stationärer Hilfe gesunde Mütter und gesunde Kinder und könnte sich all die teuren und nutzlosen Folgekosten sparen.

Geschädigte Eltern-Kind-Beziehungen

Wie kommt es zu schädigenden Entgleisungen der Eltern-Kind-Beziehung?

In problemdominierten Familienstrukturen wirken Schicksalsschläge und Traumata nach. Trennungen, Scheidungen, der Tod eines Elternteils, Fremdunterbringung von Kindern, materielle Not, Krieg und Vertreibung hinterlassen seelische Narben. Wenn der Vater langzeitarbeitslos ist und zum Alkohol greift, entsteht Stress. Jedes Kind hat ein legitimes Bedürfnis nach einem normalen Familienleben mit Mutter und Vater. Jedes Zerbrechen der familiären Geborgenheit, sei es durch existenzielle oder soziale Notlagen, führt in der Psyche der Kinder zu Verletzungen, sofern die schädigenden Ursachen nicht rasch wieder behoben werden. Psychische Belastungen sind offensichtlich, wenn Kinder aus dem Nest fallen und nicht mehr in die Geborgenheit zurückfinden. Erkrankungen der Kinder sind ein Hilferuf, der zeigen soll, dass ein Kind mit den Belastungen seines Lebens nicht fertig wird. Bei Missbrauch wird das Kind schwierig, um aus seiner schrecklichen Situation entfliehen zu können, da ihm vom Täter weitere Gewalt angedroht wird, falls es den Missbrauch verrät. In all diesen Fällen ist es verständlich, dass ein Kind nicht gedeihen kann und krank wird.

Es gibt Fälle, in denen dieser logische Zusammenhang (Verlassenheit, Schicksalsschläge und Gewalt machen krank) auf den ersten Blick nicht zu erkennen ist. Kinder mit Angst- oder Schmerzzuständen sind in eine Geborgenheit eingebettet, die nichts zu wünschen übrig lässt. Die Eltern sind ratlos: „Ich weiß nicht, was unser Kind hat, wir geben ihm alles, wir sind immer da, wir haben Zeit, wir hören ihm zu, wir schlagen es nicht!" Bei unerklärbaren Angstzuständen von Kindern stieß ich auf folgendes Phänomen:

Die Mutter oder der Vater berichteten, sie selbst hätten früh einen Elternteil verloren, kamen auf einen Pflegeplatz oder wurden von Verwandten aufgezogen. Die Trennungsängste des Kindes passten nicht zum Leben des Kindes, waren aber eine adäquate Antwort auf den Trennungsverlust, den der jeweilige Elternteil erlitten hatte:

Ein ängstliches Kind wird mit vegetativen Symptomen ins Spital eingeliefert. Das Kind ist ein guter Schüler, die Geschwister vertragen sich, die Ehe der Eltern ist gut, es gibt keine Streitigkeiten. Nach wenigen Tagen erzählt die Mutter, sie sei selbst nervös und ängstlich, habe sich als Kind einsam gefühlt, weil ihre Mutter nie herzlich war und der geliebte Vater sie immer auf Distanz hielt. Dann stellt sich heraus, dass die Mutter der Mutter bei einer Tante aufwuchs, der Vater der Mutter mit 5 Jahren Vollwaise war und zu Pflegeeltern kam. Nun ergeben die Verlassenheitsängste des Kindes Sinn. Beide Großeltern mütterlicherseits waren verlassene Kinder, Waisenkinder, die den Schmerz des Elternverlustes ein Leben lang nicht verkraften konnten und ihre Ängste an die Tochter weitergaben und die gab die ängstliche Botschaft an die Enkelin weiter, die das ursprüngliche Trauma zum Ausdruck brachte.

Psychosomatische Krankheiten ergeben Sinn, wenn wir nicht das Kind allein betrachten, sondern den Blick auf die letzten 3 Generationen und auf einen Zeitraum von 50 - 70 Jahren weiten. Blicken wir 75 Jahre zurück, so sehen wir zerbombte Städte, Väter, die im Krieg sterben, verzweifelte Mütter, Grausamkeit und Tod. Vor 75 Jahren fanden in Österreich jene schrecklichen Dinge statt, die heute in Syrien geschehen und die Menschen, die damals so viel erlitten, sind heute die Großeltern der psychosomatisch kranken Kinder, die wir im Spital behandeln. Es scheint, dass seelische Traumata sich wie Schockwellen über mehrere Generationen fortpflanzen und dass es einige Generationen braucht, bis diese Verletzungen ausheilen können.

Durch eine gezielte Anamnese stößt man rasch auf familiäre Verletzungen innerhalb der letzten Generationen. Belastungsfaktoren in der Familie sind nicht notwendigerweise genetisch vererbt, sondern entfalten ihre Wirkung aus der Tradierung des thematischen Zusammenhangs von einer Generation zur nächsten. Diesen Vorgang nenne ich Generationenverschiebung, analog dem psychoanalytisch definierten Abwehrmechanismus der Verschiebung. Dabei wird ein

Affekt aus dem thematischen Zusammenhang gerissen und einer anderen Situation zugeschoben, wo er dann in inadäquater Weise hervorbricht. Die Verschiebung ist bei einem so massiven Trauma, wie es der Verlust der Eltern darstellt, überlebensnotwendig. Die Eltern- oder Großelterngeneration, die in Waisenhäusern oder auf Pflegeplätzen aufwuchs, musste die damit verbundenen Affekte verdrängen, da niemand da war, der diesen Menschen half, ihr Trauma zu verarbeiten. Das Trennungstrauma wird zu einer verfestigten Erinnerungsmatrix, die alle weiteren Trennungssituationen prägt. Immer dann, wenn ein Kind normale Trennungsschritte vollzieht, z.B. Ablösung von der Mutter, Ablösung im Sinne der Einschulung, Ablösung im Sinne der Pubertät, wird bei den Eltern das ursprüngliche Trennungstrauma aktiviert. Der Affekt der Trennungsangst wird dann vom verdrängenden Elternteil dem Kind zugeschoben, welches mit massiven Trennungsängsten, z.B. mit einer Schulphobie, reagiert. Die Verschiebung findet nicht intrapsychisch innerhalb der gleichen Person, sondern interpersonell zwischen Mutter und Kind oder Eltern und Kind statt. Verrückte Zusammenhänge erklären sich aus dem zeitlichen Auseinanderrücken von Ursache und Wirkung.

ADHS

Hyperkinetiker sind Kinder, die nie ruhig sitzen können, Nervensägen, die ständig etwas anstellen, "Zappelphilipps", bei denen ständig etwas durch die Gegend fliegt. Diese Kinder haben aufgrund ihrer Unruhe Konzentrations- und Schulprobleme und werden in den Schulklassen leicht zu Sündenböcken. Medizinisch werden konstitutionelle Faktoren vermutet, sind aber nicht bewiesen. Diese Störung beginnt meist im Säuglingsalter, weshalb Kinderärzte Ursachen in den Reifungsprozessen vor und nach der Geburt vermuten. Psychologisch lässt sich feststellen, dass diese unruhigen Kinder beunruhigte Kinder sind, die keine Chance haben, zur Ruhe zu kommen. Oft sind ihre Eltern hektisch, meist gibt es viel Chaos und Veränderung, häufige Übersiedlungen, häufiges Wechseln der Bezugspersonen und Änderungen in den Erziehungsregeln. Die Familie ist in einem Gärungsprozess, in welchem sich keine Ordnung etablieren kann. Das chaotische Verhalten des Kindes spiegelt das äußere Chaos wider. Das Kind verhält sich wie ein irritierter Säugling, schreit und zappelt mit allen Vieren und beruhigt sich erst, wenn es von der Mutter aufgenommen und beruhigt wird. Wenn die Mutter es aber nicht beruhigen kann, weil sie selbst nervös ist und ständig die Fassung verliert, dann eskaliert das Schreien des Säuglings. Therapeutisch lässt sich feststellen, dass Hyperkinetiker am besten gedeihen, wenn sie durch ein sehr ruhiges, konsequentes Erziehungssystem mit klaren Regeln und ohne dramatische Überreaktion der Erwachsenen geführt werden.

Eltern von ADHS-Kindern haben es nicht leicht und finden oft nicht die richtige Hilfestellung (Döpfner 2017). Strenge Konsequenzen, Halt geben, Ritalin, all das ist bewährt und dennoch bleibt oft Ratlosigkeit und der unausgesprochene Vorwurf schlechter Erziehung. Hier bietet Manfred Döpfner alles Wissenswerte zu Störung und Therapie von ADHS, über Problematik, Ursachen, Verlauf und Hilfsmöglichkeiten, einen 16-stufiger Elternleitfaden zur Verminderung der Verhaltensprobleme in der Familie.

Aggressives Verhalten

Lehrer klagen über Kinder, die ihre Mitschüler schlagen, mit dem Zirkel stechen, würgen, im Klassenverband schwer zu halten sind, da sie eine Gefahr für die Mitschüler werden, ja sogar die Lehrer selbst sind tätlichen Angriffen ausgesetzt. Eine Ursache dafür ist, dass sich unsere Gesellschaft immer rascher ändert und manche

Kinder nicht mehr mithalten können, da ihr Leben durch Reizüberflutung und Veränderung immer chaotischer wird. Manche Kinder schlagen wild um sich, weil sie sich nicht mehr auskennen. Jeder von uns war schon mal im Beruf oder zu Hause total überlastet - kurz vor dem Zusammenbruch bekommt man einen Wutanfall und sagt Dinge, zu denen man sich normalerweise nicht hinreißen ließe. Aggressive Kinder sind ständig in so einer Stresssituation. Dann müssen die Erwachsenen für eine ruhige und klare Situation sorgen, Veränderungen hinauszögern oder vermeiden, um die Überreizung abzustellen.

Eine zweite Ursache der Aggression bei Kindern sind aggressive Vorbilder z.B. Alkoholiker als Väter, die im Rausch zu Hause alle verprügeln oder alles kurz und klein schlagen. Hier imitieren die Söhne das Verhalten des Vaters und spielen auch den wilden Mann, weil es in so einem Familiensystem offenbar die Täter leichter haben als die Opfer. In solchen Fällen muss man versuchen, die Vorbilder zu ändern, indem etwa der Vater einen Alkoholentzug macht.

Eine dritte Gruppe sind Söhne, die von ihren Müttern mit zu viel Liebe verschlungen werden und keine Chance haben, Autonomie und Selbständigkeit zu erlangen. Aggression bedeutet hier: "Jetzt lass' mich doch endlich in Ruh'." Wenn das Gegenüber das nicht verstehen kann und nicht loslässt, müssen die aggressiven Distanzierungsversuche immer heftiger ausfallen. Wenn auch das nicht die Freiheit bringt, entsteht im Kind die Phantasie, es könne nur frei werden, wenn es seinen Peiniger vernichtet. Tatsächlich ist die symbiotische Aggression so destruktiv, dass sie Menschen zu Mördern machen kann, wie es Hitchcock in seinem Film "Psycho" dargestellt hat: Ein junger Mann wurde von seiner Mutter ein Leben lang festgehalten, bis er schließlich die Mutter tötete. Er war über den Tod hinaus so in diesem System von Zwang und Schuld gefangen, dass er jede Frau töten musste, in die er sich verliebte. In Gerichtsakten werden Sie solche destruktiven Konstellationen öfters finden. Umso wichtiger ist es, diesen symbiotisch-aggressiven Kreislauf im Kindesalter zu durchbrechen. Ein aggressives Kind ist kein böses, sondern ein hilfloses und bedrohtes Kind, dem man zunächst viel Ruhe, Sicherheit aber auch Autonomie geben muss, damit es sein destruktives Verhalten aufgeben kann. Dann werden aus Monstern wieder Kinder.

Magersucht

Wirklich gefährlich, vor allem für Mädchen, ist die Magersucht. Jahr für Jahr sterben daran Patienten, für die die Hilfe zu spät eingesetzt hat, da die Abnehmwut junger Frauen seit Jahrzehnten als erstrebenswert angesehen wird und unsere Modewelt ein nahezu perverses Verhältnis zum Schlank-Sein hat.

Die Magersucht beginnt meist einige Zeit nach der ersten Regel, die anzeigt, dass das Mädchen zur Frau wird. In den meisten Kulturen wird da ein großes Fest (z.B. die Bat Mitzwa bei den Juden) gefeiert und das Mädchen in die Riege der Frauen aufgenommen. Eben dies zu verhindern, ist die Bedeutung der Magersucht. Wenn das Mädchen das Wachsen weiblicher Kurven bemerkt, will es diese durch Hungern zum Verschwinden bringen, um keine Frau zu werden, sondern ein Kind zu bleiben.

Ohne Behandlung chronifiziert die Magersucht und macht die Patientinnen unfruchtbar. Es bedarf also unbedingt einer stationären medizinischen und danach einer jugendtherapeutischen Behandlung. In dieser muss aufgearbeitet werden, warum das Mädchen Angst hat, zur Frau zu werden. Dafür gibt es immer gute Gründe, meist ist es den Müttern und Großmüttern schlecht ergangen, Frauen sind im Patriarchat nichts wert oder werden missbraucht, vergewaltigt. Schön zu werden ist daher gefährlich und wird verweigert.

Erst wenn das Familiensystem den Wert des Weiblichen erkennt und den Frauen echte Gleichberechtigung bietet, lernen die Patientinnen, ihre Weiblichkeit zuzulassen und zu genießen.

Suizidversuche

Die größte Bedrohung für Eltern sind Selbstmordversuche von Jugendlichen. Eine schlechte Note ist oft letzter Auslöser für den Wunsch, endlich Ruhe zu haben, indem man eine Handvoll Tabletten schluckt. Es sind dies Jugendliche, die lange mit ihren Problemen alleingelassen wurden, in der Familie herrscht Sprachlosigkeit, Probleme werden verdrängt und tabuisiert. In diesen Jugendlichen stauen sich Aggressionen auf, die aus Angst vor Streit nicht geäußert werden und sich gegen sich selbst richten. Der Suizidversuch ist ein letzter Hilfeappell: Hört mir endlich zu, nehmt mich endlich wahr: Martin war ein problemloses Kind, bis er sich eines Tages mit der Waffe seines Vaters den Schädel verletzte. Er überlebte mit viel Glück und die entsetzten Eltern begannen endlich zu erzählen. Sie waren beide frühe Waisenkinder, von ihren Eltern durch Tod alleingelassen. Sie hatten ein Leben lang gearbeitet, damit ihre Kinder es einmal besser hätten und nun sei dies der Dank. Hier mussten alle Familienmitglieder lernen, endlich miteinander zu reden, ihre Schmerzen und Ängste nicht mehr zu verdrängen. Denn sonst würde wieder einer sein, der das alles nicht mehr aushält und in den Tod zu flüchten sucht.

Das präsuizidale Syndrom umfasst Aggression, die gegen sich selbst gerichtet wird, Ausweglosigkeit und Schweigen. Der größte Risikofaktor sind bereits erfolgte Suizide in der Familie. In der Pubertät ist der erste epidemiologische Höhepunkt von Suizidhandlungen. Die Tod-und-Wiedergeburts-Symbolik der

Initiationsriten verleitet manche Jugendlichen, bis an die Grenze der Todesgefahr zu gehen. Wenn sie wirklich Selbstmord begehen, vermischt sich die Wiedergeburtsphantasie mit einer tieferen Schicht, in der die Ablehnung der eigenen Existenz gespeichert ist. Selbstmörder waren meist abgelehnte Kinder, die nicht hätten auf die Welt kommen sollen.

Warum die Jugendwohlfahrt nicht funktioniert

Warum geht es so vielen Kindern schlecht? Wir geben doch so viel Geld für unsere Kinder aus, haben das teuerste Bildungssystem der Welt, Kinder werden im Wohlstand verwöhnt und für die, die durch den Rost fallen, haben wir die teure Jugendwohlfahrt, die über die Kinder wacht, damit keines Schaden nimmt.

Doch Schulen und Ämter funktionieren nicht so, wie sie sollen und stehen ständig wegen ihrer Missstände in der Zeitung, nicht wegen toller Erfolge. Manchmal hat man den Eindruck, dass da eine völlig missratene Jugend heranwächst, faul, verweichlicht, aggressiv. Auch das ist kein Zufall.

40 Jahre lang habe ich für die Jugendwohlfahrt Kinder- Jugend- und Familientherapien gemacht. Ich konnte dabei die ärgsten Traumatisierungen lindern und war dennoch machtlos, wenn Mütter, Kinder und Familien sich von den Jugendämtern miss- oder fehlbehandelt fühlten. Dies liegt an einem von Amts wegen falschen patriarchalen System der Ämter.

Die Fürsorge wurde vor 100 Jahren eingeführt, um armen Familien zu helfen und sich um arme Kinder zu kümmern. Das war durchaus ein Fortschritt gegenüber dem ignoranten Wegschauen, das vorher herrschte. Die Milieutheorie der Amtsleiter ging aber davon aus, dass die Mütter der Unterschicht einfach unfähig scien, ihre Kinder zu erziehen und steckte die Kinder in Heime. Das war in jeder

Hinsicht grundfalsch, da niemand in den Ämtern verstand, was Kinder wirklich brauchen.

Heute ist die Jugendwohlfahrt eine der teuersten Einrichtungen des Sozialstaats. Aber auch eine der ineffizientesten. Es wird viel Geld ausgegeben, das den Kindern aber nicht hilft, weswegen Symptome und Missstände immer schlimmer werden.

Ohne matrifokales Denken und ohne kinderpsychologisches Wissen kann es gar nicht funktionieren. Aber die Juristen in den Ämtern glauben nach wie vor, dass sie beides nicht brauchen.

Michael Hüter (2018) nennt die Fehlentwicklung beim Namen: „In Europa hat inzwischen jedes zweite Kind eine chronische Krankheit. Das gab es in der gesamten Geschichte der Menschheit noch nicht. Bei größtmöglichem medizinischem Fortschritt waren unsere Kinder noch nie so auffallend krank wie heute."

Die Gründe lassen sich jedoch auf eine zentrale Tatsache herunterbrechen: Kinder können sich heute nicht mehr altersgemäß entwickeln, weil ihnen ein kindgerechtes Aufwachsen verwehrt wird.

Mit dieser Meinung steht Hüter nicht alleine da. Eine wachsende Zahl von Psychologen, Soziologen, Ärzten und Neurobiologen zeigt sich besorgt über den gesundheitlichen und psychischen Zustand von Kindern und Jugendlichen.

Doch was brauchen Kinder, um kindgerecht aufzuwachsen?

"Was ein Kind evolutionär, psychologisch, neurobiologisch braucht, sind zuerst einmal seine Eltern, oder wenigstens die Mutter", sagte Hüter. Viel zu früh werden Kinder seiner Meinung nach aus den Familien gerissen und in Kitas "fremdbetreut".

Die Fremdbetreuung, die man seit 100 Jahren den Problemkindern der Unterschicht zumutet, wird derzeit als Modell für alle Kinder empfohlen.

Komisch, dass es immer mehr schwierige Kinder gibt statt weniger.

Gesunde Jugend?

Wie wir in obigen Ausführungen gesehen haben, ist die Gesundheit unserer Kinder in vieler Hinsicht gefährdet: ungesundes Essen, übertriebener Leistungsdruck, wenig Bewegungsfreiheit, wenig kreative Freiheit, wenig Zeit für Spiel und Fantasie, unnatürliche Umwelt. Die Erkenntnisse der Entwicklungspsychologie sind noch so wenig in den Alltag der Kinder integriert, Familien und Mütter so wenig unterstützt, dass Kinder aus sozial schwachen Familien nach wie vor ein hohes Risiko haben, in die Kriminalität oder in chronische Krankheiten abzudriften. Die Bildungssysteme orientieren sich an den Bedürfnissen von Wirtschaft und Politik und an veralteten Theorien darüber, was gut für Kinder sein soll, diese Theorien sind aber großteils nicht empirisch überprüft.

Viele Eltern stehen unter Druck, ihre Kinder für den Arbeitsmarkt fitt zu machen, und geben diesen Druck an die Kinder weiter. Das Konzept der Selbstoptimierung führt zu Manipulation und Fremdbestimmung in Richtung sozial erwünschter Fähigkeiten. Lernschwächen prägen das Selbstwertgefühl stärker als Talente und Interessen. Eine schlechte Mathematiknote führt immer noch zum Aussieben von „dummen" Kindern, statt dass man die individuellen Begabungen gezielt fördert.

Mehr als in früheren Generationen gerät die Kindheit selbst unter Druck. Nachdem die Kinder nicht mehr als billige Arbeitskräfte in den Familienbetrieben gebraucht wurden, genossen mehrere Kindergenerationen den kreativen Freiraum, wo sie im Spiel ihrer Fantasie freien Lauf lassen konnten und je nach Lust ihre Fähigkeiten üben konnten, jedes Kind nach seiner Facon. Das spielerische Einüben der Welt, das Kinder in Gruppen und alleine ausprobieren konnten, um daran zu reifen, wird in den letzten Jahrzehnten zunehmend als unnütz verschwendete Zeit angesehen, die man den Kindern schon ab dem Kleinkindalter durch ein durchgetaktetes Förderprogramm austreiben muss. Das mag zwar für Tenniswunderkinder und Mathematikgenies angemessen sein, dem Durchschnittskind wird es aber nicht gerecht. Immer mehr ergreifen Vorstellungen der Erwachsenen von der Kindheit Besitz. Was dieser ständige Profilierungs-Stress mit den Persönlichkeiten der Kinder macht, wird weder reflektiert noch untersucht.

Bei einem Drittel der Kinder führen schlechte soziale, pädagogische und psychische Rahmenbedingungen zu dauerhaften Restdefekten, die den Start ins Erwachsenenleben erschweren. Zwei Drittel der Kinder haben zwar eine einigermaßen glückliche Kindheit, werden von ihren Eltern ohne allzu viel Druck geliebt und gefördert, erreichen damit einen mittleren oder höheren Bildungsabschluss und haben bessere Startbedingungen als das sozial schwache Drittel. Das heißt aber nicht, dass sie mit dem Erreichen der Volljährigkeit wirklich gute Bedingungen vorfinden, um als junge Erwachsene durchstarten zu können. Ganz im Gegenteil. Dann beginnt erst der Hürdenlauf, den man den Jungen in den Weg stellt. Die Hindernisse sind heute größer und schwieriger zu überwinden, als es in der Jugend meiner Generation der Fall war. Verletzte Persönlichkeiten haben kaum eine Chance auf Lebenserfolg, Einkommen und Sicherheit. Aber auch die große Mehrheit der jungen Erwachsenen wird um Chancen betrogen, die frühere Junge noch hatten.

II. Der Betrug an den Jungen

Mit 18 werden die Jugendlichen volljährig und sind dann junge Erwachsene. Sie dürfen eigene Entscheidungen treffen und sich selbstbestimmt ihren Platz im Leben suchen. Was nicht heißt, dass sie den auch schnell finden.

Nach der Matura oder der Lehrabschlussprüfung gibt es Partys und Maturareisen, die den Abschluss der Kindheit feiern. Früher waren Maturanten oder Gesellen vollwertige Erwachsene, die gebraucht wurden und ihr eigenes Geld verdienten. Heute ist das nur eine Zwischenetappe und der Profilierungsstress geht erst richtig los. Wer Arzt werden will, muss eine beinharte Eignungsprüfung bestehen, da hilft nicht einmal ein erstklassiges Maturazeugnis. Wer Psychotherapeut werden will, muss sich eine sündteure Ausbildung privat finanzieren und dafür Schulden machen. Bei den meisten Studienfächern gibt es einen offiziellen oder inoffiziellen Numerus clausus. Selbst wer sich durch sein Studium gerackert hat, ist noch lange nicht aus dem Schneider. Für viele Jobs reicht ein Studienabschluss noch lange nicht, 2 Abschlüsse sind besser, dann braucht es noch unbezahlte Praktika und Post-Graduate-Zusatzausbildungen. Bis eigenes Geld fließt, sind viele junge Erwachsene heute 10 Jahre älter als früher. In Ländern wie Spanien, Portugal, Griechenland und in fast ganz Afrika droht dann noch jahrelange Arbeitslosigkeit, da viele Staaten bei einer Jugendarbeitslosigkeit von 20% bis 50% große Schwierigkeiten haben, die Jungen ins Arbeitsleben und in die Gesellschaft zu integrieren.

Die Botschaft der Gesellschaft an die Jungen ist voller Zwiespältigkeit und Paradoxie. Einerseits wird die Zeit der Jugend verherrlicht und die Alten versuchen, die besseren Jungen zu sein, indem sie sich per Fitnessstudio, Kosmetik und Chirurgie auf jung trimmen. Andererseits hält man einen großen Teil der Jungen von den Futtertrögen fern, an denen es sich die Alten bequem gemacht haben. Vieles, was einem vor einer Generation noch in den Schoß fiel, muss heute hart erkämpft werden. Deswegen fühlen sich viele Junge von den Sonntagsreden der Politiker nicht abgeholt und bleiben den Wahlen fern. Es nimmt nicht wunder, dass sich manche um ihre Zukunft betrogen fühlen und nach alternativen Wegen suchen, um zu ihrem Recht zu kommen. Sie demonstrieren, verweigern, steigen aus, randalieren oder steigen auf korrupte Angebote ein.

Viele Sozialwissenschaftler sprechen davon, dass der Generationenvertrag längst brüchig geworden ist, weil die Versprechen an die Jungen nicht mehr eingehalten werden. Es wird Zeit, dass die Gesellschaft beginnt zu reflektieren, wie das Gleichgewicht zwischen Jung und Alt aus dem Lot gekommen ist und wie wir zur Generationengerechtigkeit zurückfinden können. Denn diese Gerechtigkeit ist die Voraussetzung für eine stabile Gesellschaft. Der Betrug an den Jungen wird zur Gefahr für die gesamte Gesellschaft.

Stabilität versus Innovation

Jede Gesellschaft braucht ein Gleichgewicht zwischen Jungen und Alten. Während die Jungen für die Zukunft und für Veränderung stehen, sorgen die Alten für Sicherheit und Stabilität. Wie ein Auto braucht die menschliche Gesellschaft Gas und Bremspedal, beide müssen im richtigen Moment eingesetzt werden.
Das Verhältnis von Stabilität und Veränderung hängt ab von den Umwelterfordernissen. Eine gut angepasste Gesellschaft sorgt für Stabilität, sich ändernde Umweltbedingungen bedürfen vieler Innovationen. Je nach Situation sind Gesellschaften daher mehr Erfahrungs- oder Innovations-gesteuert:

1. Traditionelle Kulturen:
Haben sich seit Jahrhunderten an eine ökologische Nische angepasst. Die weisen Alten haben das Sagen und geben das überlieferte Erfahrungswissen an die Jungen weiter. Die Jungen versuchen, möglichst rasch in den Kreis der erfahrenen Alten aufgenommen zu werden. Beispiele: Alle Naturvölker, Kulturvölker mit langer Tradition.

2. Innovative Kulturen:
Die alten Erfahrungen taugen nicht mehr für die neuen Umweltanforderungen, weil sich ein Volk in eine neue Umgebung begibt oder sich die Lage wegen sozialer und technischer Disruption rasch ändert. Hier werden die neuen Strukturen und Erfindungen von mutigen Jungen gesetzt (Abenteurer, Entdecker, Erfinder). Die Alten hinken hinterher, bleiben zurück, ihre Traditionen sterben aus.

3. Disruptive Kulturen:
Die Veränderungen kommen so schnell oder schockartig, dass der Zusammenhalt zwischen Alt und Jung zerbricht. Dies ist typisch für Einwandererclans, eroberte Völker und für die globalisierte Gesellschaft der Gegenwart. Die Jungen versuchen sich an die neuen Erfordernisse anzupassen, die Alten wollen die Veränderung verhindern, weil sie sie nicht verstehen oder davor Angst haben. Es kommt zum Kampf zwischen den Generationen mit Verlusten auf beiden Seiten:

a) disruptive Kultur der Jungen:
Die Jungen gewinnen gegen die Alten, sie siegen militärisch, technisch oder sozial (Revolution).
b) disruptive Kultur der Alten:
Die Alten besiegen die Jungen, die Konterrevolution gewinnt (derzeit in Ägypten, Syrien, Sudan). Die Jungen werden getötet,

entmachtet oder weggesperrt (z.B. während der katholischen Gegenreformation).

c) zerfallene Gesellschaft:

Alte und Junge bilden Parallelgesellschaften und bekämpfen sich auf Dauer, ohne dass eine Partei die Oberhand gewinnt. Auf verschiedenen Feldern herrschen Junge oder Alte, die Gesellschaft zerfällt. Die Jungen siedeln in ein neues Gebiet aus (räumlich, geistig oder technisch).

Die globalisierte Gesellschaft der Gegenwart zeigt alle drei Formen der Disruption. In der Informationstechnologie haben die Jungen gesiegt, Alte haben keine Chance oder müssen sich unterordnen. Die New Economy der Jungen überrollt die Old Economy mit völlig neuen Geschäftsmodellen.

In Militär-, Rüstungs- und Finanzwirtschaft halten sich die Seilschaften der Alten, die Jungen werden hemmungslos ausgebeutet, unterdrückt oder getötet.

Die Mehrheit der Bevölkerung ohne Macht wird zwischen den beiden Machtblöcken von Jung und Alt aufgerieben. Die Polarisierung zeigt sich in der Parteienlandschaft durch Zunahme der Rechts- und Linksextremen. Die USA z. B. sind zwischen Demokraten und Republikanern, zwischen Stadt- und Landbevölkerung so gespalten, dass es kaum mehr Kooperation, sondern nur mehr Kampf bis aufs Blut gibt. Die Mehrheit in allen Generationen (Jung-mittleres Alter-Alte) ist zunehmend desorientiert und verunsichert, traut niemand mehr über den Weg. Lügen und Fake-News beherrschen die Medien, die Unterscheidung von Wahrheit, Fake und Manipulation fällt zunehmend schwer.

Disruptive Reaktionen

Das Zerbrechen der Zukunftssicherheit, wie es für die globalisierte Gegenwart typisch ist, führt zu hilflosen, panischen und extremen Reaktionen in allen Generationen:

Die Alten wollen das Erreichte absichern und pochen auf ihre wohlerworbenen Rechte. Man hat sich schließlich ein Leben lang abgerackert und will das Erreichte endlich genießen. Wer bis ins Alter wenig erreicht hat, hat Angst vor der Altersarmut, fühlt sich von Einwanderern und Innovationen bedroht.

Die Erwachsenen im mittleren Lebensalter versuchen, noch rasch möglichst viele der Lebensziele zu erreichen, bevor die Chancen schwinden. Sie strampeln im Hamsterrad bis zur Selbstaufgabe und landen nicht selten im Burnout. Dies wiederum verstärkt die Angst, nicht lange genug fit und gesund zu bleiben, um sich ein positives Alter sichern zu können.

Viele Jungen fühlen sich ausgegrenzt und chancenlos. Sie bekommen keine oder nur schlecht bezahlte Jobs, können sich die teuren Wohnungen nicht leisten, Geld und Zeit für Familiengründung sind nicht vorhanden. Die Bildungserfordernisse werden immer weiter nach oben geschraubt, ohne dass damit die Karrierechancen steigen.

Je mehr der disruptive Druck steigt, desto mehr Verluste gibt es in allen drei Schichten. Verlierer bleiben zurück, verlieren Arbeitsplatz, Wohnung, Partner, Zugang zu den Kindern. Die Stärksten setzen sich durch, die Einkommensschere geht immer weiter auf.

Von 1965 bis 2000 war die Gesellschaft der entwickelten Länder innovativ. Es herrschten Zuversicht und Fortschrittsbegeisterung, die meisten hatten das Gefühl, es ginge ihnen besser als früher.

Seit 2001 wird die Globalisierung zunehmend disruptiv. Das Fortschrittstempo läuft außer Kontrolle, die sozialen Auffangmechanismen kommen nicht mehr nach. Angst vor dem sozialen Abstieg macht sich breit, Spaltungen, Feindbilder und Konflikte nehmen zu. Gleichzeitig erfordert das globale Veränderungstempo die volle Aufmerksamkeit aller Beteiligten, die zu bewältigenden Probleme werden immer größer und immer mehr. Mitten in diesem Spannungsfeld soll sich die Generation Z, die in diese disruptive Gesellschaft hineingeboren wurde, ihre Zukunft aufbauen.

Schwierig, sehr schwierig.

Welche Bildung braucht die Zukunft?

Bildungspläne hinken naturgemäß hinter den Innovationen hinterher. Lehrpläne funktionieren nur in traditionellen Gesellschaften, denn für diese wurden sie entwickelt. In alten Berufen wissen die Meister mehr als die Schüler und geben Wissen, Techniken und Strategien an Schüler und Gesellen weiter. Das funktioniert weiterhin in Lehrberufen und alten Professionen wie Arzt, Anwalt oder Priester.

Technische und innovative Berufe brauchen neue Schulen, deren Lehrplan muss ständig verändert werden und nahe an der beruflichen Realität sein. Dies funktioniert in berufsbildenden Schulen und Fachhochschulen, die z.T. völlige Neugründungen sind.

In der disruptiven Globalisierung haben Pflichtschulen, Gymnasien und Geisteswissenschaftliche Fakultäten immer mehr Probleme, Allgemeinbildung zu vermitteln, die Persönlichkeit zu formen und die Intelligenz für alle Eventualitäten des Lebens vorzubereiten. Deren Prämissen, Lehrpläne und Menschenbilder sind von der

Vergangenheit geprägt und daher immer weniger treffsicher, wenn es um die Vorbereitung auf eine unbekannte Zukunft geht. Insbesondere die traditionellen Methoden der Wissensvermittlung, des Frontalunterrichts, des Wissensabfragens und eines geforderten Standardkanons sind zunehmend kontraproduktiv, weil sie eben nicht zur Selbständigkeit, Kreativität, Projektentwicklung und Teamfähigkeit anleiten.

Hier wären individuelle Förderungspläne und Unterstützung persönlicher Wünsche, Träume, Ziele und Wege notwendig, werden aber zu wenig forciert. Dieser Umbruch wird von der Bildungsforschung dokumentiert, die seit den 1960er Jahren empirische Daten liefert, die die ungleichen Bildungschancen, bzw. die „soziale Vererbung" von Bildung belegen, was der gewünschten Chancengleichheit des Bildungssystems diametral widerspricht. Seit 20 Jahren wird die Bildungsforschung zunehmend zum Vorfeld politischer Bildungsentscheidungen. Eckpunkte des Bildungsdiskurses sind dabei Schulautonomie, Verbesserung der Leistungsfähigkeit, neue Steuerung und interne Schulentwicklung. An Lösungen werden genannt: Mehr Autonomie, mehr Selbstverantwortung, mehr Wettbewerb, weniger Staat (Tippelt 2017).

Während Bismarck höhere Bildung noch als Flucht vor der Arbeit kritisierte, betrachtet die moderne Gesellschaft Bildung als Humankapital, das es zu fördern gilt. Traditionell wird Bildung als Dauer des Schulbesuchs und Höhe des Abschlusses gemessen. Seit dem Jahr 2000 werden in den Pisa-Studien die Bildungsleistungen gemessen und international verglichen. In den letzten Jahren rückt die Fähigkeit zum selbst-regulierten Lernen in den Vordergrund und verdrängt das traditionelle Ziel der reinen Wissensvermittlung. Langsam rücken auch emotionale und motivationale Prozesse in den Vordergrund.

Der Humankapitaltheorie widersprechen kritische Befunde, die einen Zusammenhang von Lernerfolg und Arbeitserfolg nicht feststellen können. Die Segmentationstheorie spricht von abgeschotteten Arbeitssegmenten, zwischen denen kaum Austausch besteht, sodass es zu keinem leistungsbezogenen Preis-Lohn-Verhältnis kommt. Die Filter-Theorie behauptet, dass Schulabschlüsse und Zeugnisse eine Filterfunktion haben, die den Zugang zu bestimmten Tätigkeiten steuern, nicht jedoch die Leistungen steigern, die primär bereits im Individuum vorhanden sind. Die radikale Theorie verneint den Zusammenhang von Bildung und Einkommen überhaupt. Vielmehr hätten die verschiedenen Bildungswege das Ziel, das Einkommensungleichgewicht im Sinne der Reichen aufrechtzuerhalten und die Stratifizierung in verschiedene Einkommensschichten zu verfestigen.

Auf der Makroebene dient die Bildungsrendite als Messeinheit. Die Bildungsrendite misst den Zugewinn an Einkommen, der auf die Ausbildung zurückzuführen ist. Allgemein wird von einem Zusammenhang zwischen Bildungsinvestition und Wirtschaftswachstum ausgegangen.

Insgesamt kreist die Bildungsforschung bis dato um politische, ökonomische und gesellschaftliche Konzepte, die aufzeigen, dass die allgemeinen Bildungserwartungen einer empirischen Prüfung entweder noch nie zugeführt worden sind, oder, wenn doch, von der Empirie nicht bestätigt werden. Die Bildungsforschung hat sich daher in den letzten Jahrzehnten auf de facto alle Humanwissenschaften ausgeweitet, um hilfreiche Konzepte zu finden, die den Bildungserfolg erklären könnten. Die allgemeine Unzufriedenheit mit der Bildungspolitik in Deutschland und Österreich zeigt auf, dass dieser Weg bis jetzt nicht erfolgreich war, bzw. noch völlig am Anfang steht. Beim Lesen von Tippelts

Handbuch fällt auf, dass die aufgezeigten Thesen und Theorien um institutionelle Prozesse kreisen, während auf das Kind, dessen Persönlichkeit geformt und dessen Fähigkeiten gestärkt werden sollen, scheinbar völlig vergessen wird. Dies mag daran liegen, dass vor allem Lehrer mit ihren didaktischen und institutionellen Bedürfnissen die Bildungsforschung prägen und diese daher im institutionellen Schulsumpf versinkt, während Eltern und Kinder außen vor bleiben oder sogar als bildungsbehindernde Außenfeinde gesehen werden, welche die guten Absichten der Lehrer nicht verstehen wollen. Solange die Bildungsforschung sich nicht um die Entwicklungs-, Persönlichkeits-, und Lebenszielmotivation der Auszubildenden kümmert, wird sie weiter im Kreis gehen und an der Effizienz im Sinne der maximalen Ausschöpfung des Humankapitals scheitern. Konstruktive Entwicklungsförderung passiert abseits der Bildungsforschung und oft im Widerspruch zu dieser, meist aus autochthoner, zufälliger Entfaltung von Leistungspotentialen durch die Motivation einzelner Begabter. Diesen Autodidakten gelingt dies aber nur, wenn sie willensstark, ausdauernd und selbstbewusst sind, weil ihnen vom System jede Menge Prügel in den Weg gelegt werden.

Das Wohl der Kinder

Alle Mütter wollen, dass es ihren Kindern gut geht, dass sie lernen, sich entwickeln und glücklich sind. Sie stellen selten Bedingungen, sondern glauben einfach an die Zukunft ihrer Kinder, trauen ihnen alles zu. Solange sich gesunde Mütter um die Kinder kümmern, geht es denen gut. Die Freiheit, ohne Sorgen zu spielen und geliebt zu sein, ist der Nährstoff, aus dem eine glückliche Kindheit entsteht.

Viele Mütter und Kinder treffen auf eine harte Realität, wenn die Kinder in die Pflichtschule kommen. Ab da schlagen Wertungen und Abwertungen zu, wunderbare Kinder werden ganz schnell zu schwierigen oder lernschwachen Problemfällen.

Dr. Peter Pauling nennt das Problem der Schüler beim Namen: „Wir sind Schüler von heute, die in Schulen von gestern, von Lehrern von vorgestern, mit Methoden des Mittelalters, auf die Probleme von übermorgen vorbereitet werden." Das kann nicht gutgehen. Und es geht auch nicht gut:

Unser Schulsystem ist verantwortlich für Schulausstieg, Analphabetismus und Langzeitarbeitslosigkeit. Unsere Schulen produzieren zu viel Erfolglosigkeit. Schulabbrecher und funktionelle Analphabeten sind als erste arbeitslos und füllen die Reihen der Langzeitarbeitslosen, denen dann unterstellt wird, sie würden es sich in der sozialen Hängematte gemütlich machen. Seit Jahrzehnten wird an diesem eklatanten Missstand mit sehr viel Geld herumgedoktert, ohne viel Erfolg; ganz im Gegenteil, es wird schlimmer. Für die Schulen sind alle anderen schuld, die unfähigen Eltern, die verzogenen Kinder, der knausrige Finanzminister. Dabei gibt Österreich pro Schulkind am meisten von allen Industrieländern aus.

Der eigentliche Missstand ist sakrosankt und darf nur hinter vorgehaltener Hand geflüstert werden: Die Schule verweigert den Schulabbrechern das richtige Angebot, das sie motivieren würde und beschimpft sie, dass sie dumm sind. Dann geben die „Dummen" halt frustriert auf und gehen. Schuld ist die einseitige Betonung der logisch-sprachlichen Intelligenz, die in der Bedeutung für den Lebenserfolg völlig überschätzt wird und mit beruflichem Erfolg auch nicht korreliert. Schulabbrecher sind meist motorisch-haptische Begabungen, die wollen zupacken, angreifen, etwas tun. Für die ist 5-Stunden-Stillsitzen eine Folter. Außerdem ist es gesundheitsschädlich. Kinder brauchen Bewegung, die motorischen Begabungen ganz besonders.

Was tun Schulabbrecher? Sie streunen herum, machen allerhand Blödsinn, lernen Computerspiele oder gehen neuerdings demonstrieren. Was tatsächlich viel wichtiger ist als Latein oder Algebra, denn an mangelnden Lateinkenntnissen wird die Welt nicht zugrunde gehen, am Klimawandel schon. Würde man diese Kinder endlich tun lassen, was sie tun wollen und sie dabei unterstützen, gäbe es keine „dummen" Kinder mehr. Schließlich haben z.B. begabte Sportler heute die höchsten Gehälter.

Die Lösung der Schulkrise liegt darin, die Schüler ihren Lehrplan selber bestimmen zu lassen. Motorisch Begabte würden sehr schnell Lesen lernen, wenn sie es anhand der Beschreibung von Maschinen und Geräten tun dürften. Sie würden dann auch viel verständlichere Maschinenbeschreibungen gestalten als die derzeit üblichen, die jeden Ikea-Käufer in den Wahnsinn treiben.

Um nicht missverstanden zu werden: Dies richtet sich nicht gegen die Lehrer, die sich mit Engagement und Begabung um die Kinder kümmern. Die meisten Lehrer lieben ihren Beruf und machen ihn toll. Sie leiden aber wie Kinder und Eltern unter einem antiquierten System, das ihnen Zeit, Energie und Motivation raubt, weswegen Lehrer zu den Berufen mit der größten Burnout-Gefährdung zählen. Ein offenes und kreatives Bildungssystem wie z.B. in Finnland würde ungeahnte Energien freisetzen und zu mehr Freude und Bildungsleistung führen

Omertá

Monopolstrukturen schützen sich vor jeder Kritik durch ein Gesetz des Schweigens. Dieses wird durch extreme Sanktionsdrohungen durchgesetzt. Die Mafia bedroht „whistle blower" mit dem Entzug des Lebens, die USA drohen Edward Snowden und Julian Assange mit dem Entzug der Freiheit, Monopolschulen drohen kritischen Schülern mit dem Entzug der Bildungschance. Wer sich nicht anpasst, wird rausgeworfen und kann sich die Matura oder sonstige Ausbildungen in die Haare schmieren. Jeder vernünftige Schüler weiß das und verhält sich entsprechend.

Das ist wohl der Grund, warum der Klassensprecher einer Maturaklasse an der HTL-Wels sein Schweigen erst bei der Maturarede brach, als man ihm seinen Abschluss als Techniker nicht mehr nehmen konnte. Er erzählte von harten Jahren mit vier Selbmorden an der Schule, 40 Wochenstunden in engen überfüllten Schulklassen, Verbot, sich als Klassensprecher für Mitschüler einzusetzen (dann drohe ihm Schulverweis). Noch nie sei er „so vielen depressiven, hilf- und ratlosen, teilweise in den Alkohol flüchtenden und suizidalen Personen begegnet wie hier" (SN, 22.6.19, S 10). Die Schulleitung verwahrt sich gegen die Vorwürfe und versichert, es werde alles intern überprüft. Es ist zu bezweifeln, dass sich durch systemimmanente Überprüfungen das Los der Schüler verbessern wird. Man mutet ihnen inklusive Lernzeiten 5 Jahre lange ein Pensum von 50 – 60 Wochenstunden zu, das würde jede Gewerkschaft auf die Barrikaden treiben. Die technischen Schulen sind überlaufen, weil sie beste Berufschancen garantieren, also ist der Schulverweis keine leere Drohung.

4 Selbstmorde in 5 Jahren sind ein absolutes Warnsignal. Jugendliche zählen zur Suizid-Risikogruppe, insbesondere nach Zeugnissen und Schulversagen. Das nicht ernst zu nehmen ist fahrlässig.

Die geheime Ausbeutung

Gute Eltern wollen nur das Beste für ihre Kinder.
Bei den meisten anderen Instanzen der Gesellschaft ist das nicht so sicher. Zwar führen alle Erwachsenen das Kindeswohl auf den

Lippen, fördern es aber keineswegs, ja tarnen nur mit schönen Worten den Schaden, den sie Kindern antun.

Bei einem Blick rund um die Welt wird das sehr schnell klar. Kinder werden in jeder Form missbraucht – als billige Arbeitskräfte, als Sexsklaven, als Kindersoldaten. Im Patriarchat stehen Kinder seit jeher an der untersten Stelle der Hierarchie und werden im Zweifelsfall als erste geopfert. Selbst Adoptionen sind nicht immer so selbstlos wie sie aussehen. Zu allen Zeiten wurden Kinder gekauft und verkauft. Arme müssen ihre Kinder hergeben, weil sie sie nicht ernähren können, Reiche nehmen sie mit, weil sie die Kinder für ganz bestimmte Zwecke brauchen – als Liebes- und Lebensersatz, als Nachfolger für Firmen und Höfe, als Adepten und Claqueure. Immer, wenn Erwachsene sagen „Ich will ja nur dein Bestes" liegt der Verdacht nahe, dass es nicht um das Kindeswohl, sondern um etwas geht, was der Erwachsene vom Kind will: Liebe, Gehorsam, Anerkennung und andere Bedürfnisse, die vom Kind zum Erwachsenen fließen, um die Defizite des Erwachsenen abzudecken.

Kinderrechte sind noch völlig neu und noch lange nicht durchgesetzt, geschweige denn selbstverständlich. Kinder, die Bedürfnisse anmelden, werden nach wie vor als frech, unbotmäßig und verwöhnt beschimpft. Wenn Kinder laut protestieren, gelten sie schnell als aggressive Problemkinder. Latente Kinderfeindlichkeit zeigt sich in den Strafen der schwarzen Pädagogik und im Lamentieren von Misanthropen, die Kinder nur als Störenfriede sehen. Kinder sollen einfach tun, was die Erwachsenen sagen und keine Fragen stellen. Wenn Kinder sehr vernünftige und naheliegende Fragen stellen, z.B. „warum töten wir Haustiere?", fühlen sich viele Erwachsene in ihrer Autorität bedroht und rasten aus. Seit 2500 Jahren gibt es die Klagen der Alten, dass die Jugend verdorben und schlecht sei. Ob sie nun spielen, Spaß haben, kreative Ideen entwickeln – sehr oft hören sie, dass sie das Falsche tun und gefälligst damit aufhören sollen.

Dahinter steckt die alte Auffassung im Patriarchat, dass Kinder vor allem billige Arbeitskräfte sind, die man leicht ausbeuten kann, weil sie keinerlei Rechte haben. Das ist auf Bauernhöfen, in Familienbetrieben, Gasthäusern, Hotels ganz normal – Kinder haben mitzuarbeiten und kein Recht auf Freizeit. Da schauen sogar der Staat und das Jugendamt weg, weil klar ist, dass viele Familienbetriebe ohne Kinderarbeit unrentabel sind. Was der Patriarch ihnen anschafft, haben sie gefälligst zu tun, das geht bis zu Diebstählen, Raub und Morden, Sprengarbeiten in engen Stollen und Sprengstoffattentaten im Dschihad.

Im Patriarchat wirkt sich die Abhängigkeit der Kinder, die sich an die Erwachsenen anpassen müssen um zu überleben, besonders extrem aus, weil die Abhängigkeiten meist verschleiert und mit schönen Ideologien verbrämt sind. In der katholischen Kirche dienen Kinder bei der Messe als Ministranten und empfinden das als Ehre. Wenn sie dabei sexuell missbraucht werden, ist der Schaden umso größer. Bettlerkindern wird eine große Zukunft versprochen, wenn sie sich den Ausbeutern anschließen – dann werden sie verstümmelt, damit die Leute ihnen mehr Geld spenden. Schulbildung ist ein großer Köder, besonders, wenn hinter einer Ausbildung eine Institution mit großen Karriereversprechen steht. Ein Priesterseminar, eine Kadettenschule, eine Lateinschule – das waren traditionelle Einstiegsdrogen in staatliche Karrieren, um den Preis, dass Schüler und Kadetten zu willfährigen Werkzeugen staatlicher Institutionen dressiert wurden, um brave Erfüllungsgehilfen oder gutes Kanonenfutter abzugeben. Ein Ausstieg aus solchen Dressuren war so gut wie unmöglich und wenn doch vollzogen, mit dem Verlust aller vermeintlichen Privilegien verbunden. Dies ist beim Zölibat der Priester offensichtlich, ein Priester der es bricht, verliert seinen Beruf. Ein Soldat, der eine Tötung verweigert, wird unehrenhaft entlassen, im Kriegsfall standrechtlich erschossen.

Im Kapitalismus stehen jede Menge Fallen bereit, um Kinder zu manipulieren. Mit dem Versprechen von Geld und Karriere wird Wohlverhalten erkauft. Kinder werden solange indoktriniert, bis sie glauben, dass der angebotene Pfad die beste und größte Chance für sie darstellt. Marketing und Propaganda sind so umfassend, dass Kinder gar nicht merken, wie sie in eine Richtung gedrängt werden, die mit ihrem Lebensziel gar nicht übereinstimmt.

Gerontokratie

Das Patriarchat ist seit 5000 Jahren eine hierarchische Herrschaft der Alten über die Jungen, die sich langsam nach oben dienen und sich alle Privilegien Schritt für Schritt erarbeiten müssen. Alle Jungen hatten aber die Hoffnung, dereinst an die Spitze der Pyramide gelangen zu können, wenn sie sich genug anstrengten. Dem kam die Bevölkerungsstruktur entgegen – es gab in der Regel viele Junge und wenige Alte. Wer lange genug lebte, wurde durch sozialen Aufstieg belohnt. In Kriegszeiten ging der Aufstieg umso schneller, je mehr Tote auf den Schlachtfeldern blieben.
Dies hat sich grundlegend geändert. Seit einigen Jahrzehnten steht die Bevölkerungspyramide in den entwickelten Ländern Kopf. Vielen Alten, die immer älter werden, stehen nur wenige Junge gegenüber, die die Pensionssysteme bald nicht mehr finanzieren können. Dadurch ist die Wahrscheinlichkeit, durch Älter-Werden eine Führungsposition zu erlangen, verschwunden. Ganz im Gegenteil droht den Alten, früh zum alten Eisen geworfen und vom sozialen Abstieg bedroht zu scin.

Die gerontokratischen Seilschaften sind aber immer noch da und finden neue Möglichkeiten der Herrschaft über die Mehrheit. Die Alten sind längst die Mehrheit bei den demokratischen Wahlen und können ihre Agenda via die etablierten politischen Parteien durchdrücken. Dabei wird der Peer-Effekt der gleichaltrigen Alten genutzt. Jeder unwichtige Alte kennt meist irgendeinen wichtigen Alten, mit dem er sich identifiziert. Die alten Absteiger werden von den alten Mächtigen zur Solidarität aufgefordert und mit der Aussicht geködert, von Glanz und Wohlstand der Mächtigen ein kleines Stück abzubekommen. Die Alten bilden dadurch eine gemeinsame Phalanx zur Verteidigung ihrer Interessen und Werte. So ist es auffallend, dass die meist alten Parteiführer sich vor allem den Interessen der alten Eliten und Industrien verpflichtet fühlen und immer mehr Politik gegen die Interessen der Jungen machen.

Dies geht umso leichter, als die Stimmen der Jungen nur zur Hälfte zählen. Die Bevölkerungsgruppen der unter Dreißigjährigen und der über 50-jährigen sind in etwa gleich groß. Während über 50 alle Stimmen zählen, selbst wenn jemand dement, besachwaltert oder psychisch krank ist und daher leicht manipuliert werden kann, zählt unter 30 nur jede 2. Stimme, da die 1-15jährigen null Wahlrecht und null Stimmen haben. Allein diese Tatsache ergibt einen 50prozentigen Verzerrungseffekt hin zu den Interessen der Alten. Ohne das man den Abgeordneten böse Absicht unterstellen muss, ist es doch Realität, dass die von den Parlamenten verabschiedeten Gesetze die Interessen der Alten doppelt so stark widerspiegeln als die Interessen der Jungen.

Das derzeitige Wahlrecht ist der erste und massive Betrug an den Interessen der jungen Generation, der völlig geleugnet, ja nicht einmal diskutiert wird. Dies lässt sich an mehreren politischen Entscheidungen demonstrieren:

Die jungen Briten waren mit großer Mehrheit für den Verbleib in der EU, die Alten für den Brexit. Auf Grund des fehlenden

Wahlrechts für Kinder und Jugendliche gewannen die Brexiteers, denen die Zukunft der Jungen völlig egal ist, da die Alten längst tot sein werden, wenn sich die Jungen mit den Folgekosten herumschlagen müssen.

Ähnlich sind die Jungen mehrheitlich für erneuerbare Energien und Maßnahmen zum Schutz der Natur und des Klimas. Die Alten denken vor allem an den Schutz ihrer traditionellen Arbeitsplätze und ihre monetäre Pensionssicherung. Entsprechend werden bis jetzt fossile Energien mehr subventioniert als erneuerbare, alte Industrien erhalten mehr Fördermittel als Start-Ups.

Das Argument, mit dem diese Ungerechtigkeit einzementiert wird, war schon bei den Frauen falsch, denen man bis vor 100 Jahren das Wahlrecht verweigert hat, da sie angeblich nicht die Bildungsvoraussetzungen für Wahlentscheidungen mitbrachten. Heute ist jedem klar, dass es den männlichen Patriarchen nur darum ging, den Frauen alle Rechte abzusprechen. Seit dem Frauenwahlrecht hat sich in 100 Jahren auch die Frauenemanzipation durchgesetzt, weil jeder Politiker ebenso viele Frauenstimmen gewinnen muss wie Männerstimmen.

Das Argument, dass Kinder und Jugendliche ihre Lage nicht beurteilen und daher nicht wählen können ist ebenso falsch, wie es bei den Frauen falsch war. Kinder treffen von Anfang an Entscheidungen und wissen sehr wohl was sie wollen: keine toten Tiere, keine Tierquälerei, kreative Freiheit, selbstbestimmte Bildungs- und Lernwege, verständnisvollen Umgang. All dies wird ihnen vorenthalten, weil sie angeblich zu dumm sind, ihre Lebenssituation zu beurteilen.

In Wirklichkeit geht es um massive Interessen von Erwachsenen, die durch den Willen der Kinder gefährdet wären: Massentierhaltung, Tiertransporte, Tierversuche, Insektizide, Herbizide, Schulmonopolpflicht, veraltete Lernmethoden und

Obsorgegesetze würden von den Kinder sehr schnell abgewählt werden, wenn sie etwas zu sagen hätten.

Arbeit

Die jugendfeindlichen Gesetze haben in allen Lebensbereichen von Kindern und Jugendlichen negative Auswirkungen. Am deutlichsten ist dies bei den Arbeitsplätzen und bei den Arbeitslosenstatistiken, die sehr genau erfasst sind. In allen Ländern dieser Welt ist die Jugendarbeitslosigkeit deutlich höher als die Erwachsenenarbeitslosigkeit. In Ländern wie Spanien oder Griechenland waren zeitweise 50% der Jungen arbeitslos, in Entwicklungsländer sind es bis zu 70%. Daran sind wir so gewöhnt, dass wir nur mit den Achseln zucken. Das war halt immer so und wird sich wohl nie ändern.

Dabei gibt es dafür keinen logischen Grund. Junge Menschen sind kräftiger, belastbarer, schneller und meist auch williger als Alte. Für einen Arbeitsplatz nehmen sie nahezu jeden Nachteil in Kauf, leisten unbezahlte Praktika, lassen sich in andere Städte versetzen und machen auch fade und schmutzige Arbeit. Sie sind auch viel billiger und das nützen manche Firmen schamlos aus, indem sie vor allem billige Lehrlinge einsetzen, die nach der Gesellenprüfung sofort entlassen werden. Den Erfahrungsvorsprung der Alten machen sie mit Engagement und Reaktionsschnelligkeit wett.
Es hat also keinen logischen Grund, dass Junge weniger bezahlt bekommen und viel öfter arbeitslos sind. Dies liegt vielmehr an den Arbeitsgesetzen, die von den Alten für die Alten gemacht werden.

Von Gewerkschaften durchgesetzte Arbeitsgesetze sind vor allem Filter, die die erwachsenen Jobbesitzer vor der Konkurrenz der jungen Joblosen schützen sollen. Dies zeigt sich daran, dass die Eingangshürden für viele Berufe immer mehr verschärft werden.

Konnte man vor 100 Jahren noch viele Arbeiten ohne Ausbildung antreten und sich mit Geschick bis zum Firmenchef hocharbeiten (Vom Tellerwäscher zum Millionär), so brauchte man bald einen Lehrabschluss, dann die Matura, dann ein Hochschulstudium und heute ein Studium (besser zwei) mit post-graduate Ausbildung als Krönung. Ärzte und Juristen haben ihre Ausbildung heute erst mit 35 Jahren abgeschlossen, da sollen sie aber schon 20 Jahre Erfahrung haben, wenn sie sich bewerben. Das ist de facto nicht möglich und so werden sie auch noch durch Castings und Assessment-Center gejagt, bevor sie endlich genug Geld verdienen können. Die Prüfer, die bei dieser Arbeitsplatzlotterie die Entscheidungen treffen, mussten zu ihrer Zeit meist nicht einmal halb so viele Nachweise erbringen, wie sie heute von ihren Azubis verlangen.

Gerecht ist das nicht, auch nicht effizient, denn es erzeugt unnötigen jahrelangen Stress, der für die rasche Entwicklung hin zum Burnout verantwortlich ist. Sinn macht es auch nur als Machtabsicherung für die alten Patriarchen.

Kinderarbeit

152 Millionen Kinder müssen arbeiten wie Erwachsene. Skrupellose Geschäftemacher schrecken nicht davor zurück, Kinder in Bergwerke, Steinbrüche oder auf ungesicherte Baustellen zu schicken. In Indien werden die meisten Ziegel von Kindern in Handarbeit hergestellt.

73 Millionen Kinder arbeiten unter besonders gefährlichen Bedingungen in Bergwerken, als Kindersoldaten oder in der Prostitution. Kinder sind billig und genießen keinerlei Schutz, können also viel leichter ausgebeutet werden als Erwachsene. Oft werden sie von Menschenhändlern von ihren Familien unter dem Vorwand weggelockt, dass sie in der Stadt eine gute Ausbildung oder eine gutbezahlte Arbeit bekämen. Dann werden sie aber in

Familien oder Fabriken wie Sklaven gehalten und müssen bis zu 17 Stunden am Tag kostenlos arbeiten. Andere Kinder werden von ihren Eltern zur Arbeit geschickt, weil sonst die Familie verhungern würde. Oft ist das Kind der einzige Ernährer der Familie, weil Arbeit nur zu solchen Dumping-Löhnen zu bekommen ist, wie man sie Kindern aufzwingt. Viele Arbeiten können nur von Kindern erledigt werden, weil sie kleiner sind und mit ihren Fingern an Stellen hinkommen, wo die Erwachsenen mit ihrer Hand stecken bleiben.

In den Entwicklungsländern lebt jedes 10. Kind in solcher Sklaverei. Dies zerstört nicht nur ihre Kindheit sondern auch ihre Lebenschancen. Sie können weder spielen noch lernen, sodass ihre Talente verkümmern und sie nie aus der Armut herausfinden. Außerdem sind sie in keiner Weise vor Arbeitsunfällen, giftigen Gasen und Chemikalien geschützt, sind also oft schon Invaliden, bevor sie das Erwachsenenalter erreichen. Dann bleibt ihnen nur mehr das Betteln auf der Straße, wo sie aber das Geld meist auch an einen Mafia-Clan abliefern müssen.

Wir in Europa bekommen von diesem Missstand nichts mit. Das heißt aber nicht, dass wir damit nichts zu tun haben. Fast alle Textilien werden in Südamerika, Afrika bis Asien unter Beteiligung von Kindern hergestellt, ebenso Kakao, Kaffee und viele Nahrungsmittel. Durch die globalen Lieferketten lässt sich Kinderarbeit wunderbar verschleiern und Konsumentenprotest verhindern. Umso wichtiger ist es, auf Gütesiegel zu achten, dass ein Produkt frei von Kinderarbeit ist.
Kinderarbeit gibt es auch in Europa, vor allem in der Prostitution, beim Betteln, in Haushalten und in abgeschotteten Familienbetrieben eingewanderter Clans.

Lehrlingsmangel, Zunftordnung und Ausländerfeindlichkeit

Im Tourismus herrscht chronischer Mangel an ausgebildeten Fachkräften. Allein in der österreichischen Gastronomie werden 1000 Lehrlinge händeringend gesucht, den Gastbetrieben gehen die Köche und Kellner aus. Gleichzeitig verbietet man jedem 2. Gasthaus das Ausbilden von Lehrlingen und schiebt dutzende Lehrlinge kurz vor dem Lehrabschluss ins Ausland ab.

Wie dumm ist das denn? Und warum weiß das keiner?

Weil wir halt alle nicht über die mittelalterliche Zunftordnung Bescheid wissen, bzw. nicht vermuten, dass diese immer noch das österreichische Wirtschaftsleben beherrscht. Daher eine kurze Aufklärung:

Im Mittelalter wurden die Städte von den Zünften der Handwerker beherrscht, das Handwerk unterlag einer strengen Regulierung. Damit schützten sich die althergebrachten Betriebe vor neuen Konkurrenten und sicherten sich so den Markt. Neue Betriebe wurden nur in Ausnahmefällen zugelassen, Auswärtige hatten keine Chance.

So denkt die Wirtschaftskammer noch immer, auch wenn sie in den Medien die freie Marktwirtschaft predigt. Deswegen werden notwendige Veränderungen und Anpassungen bekämpft, als wären sie des Teufels.

Den folgenden Irrsinn muss man sich auf der Zunge zergehen lassen: Gastbetriebe, die nicht vornehmlich österreichische Küche anbieten, dürfen per Gesetz keine Lehrlinge ausbilden. Ungeachtet der Tatsache, dass 50% der Gasthäuser asiatische und exotische Küche anbieten und die Österreicher deren Küche auch mit zunehmender Begeisterung genießen. Dass wir dort die Wahl zwischen den Küchen aller Länder haben ist eine der Hauptattraktivität von großen Städten. Da Chinesen und Inder oft

Familienbetriebe sind, würden dort natürlich jede Menge Lehrlinge ausgebildet. Aber wo kämen wir da hin?

Auch der gesetzliche Hinderungsgrund ist ein Schildbürger-Kunstwerk epochalen Ausmaßes. Ausländische Küchen bilden nicht im Tranchieren, Flambieren und Filetieren aus. Da lachen selbst die filetierten Hühner, denn jeder Hobbykoch lernt das alles in einem einzigen Kurs. Den Kurs könnte man den „Ausländern" ja verpflichtend vorschreiben oder an der Berufsschule einführen, wäre kein Problem.

Aber man will ja gar keine Lösung. Die künstliche Marktverknappung ist viel wichtiger. Das erhöht die Preise und fördert die Wegrationalisierung von Arbeitsplätzen. Drum bekommt man in den meisten „österreichischen" Gasthäusern nur mehr fades Gefrieressen, das von Gefrier-Systemgastronomen an alle Gasthäuser ausgeliefert wird. Das schmeckt zwar nicht, aber dafür erspart man sich den Koch. Und den Gasthäusern, die Köche ausbilden, nimmt man sie kurz vor der Gesellenprüfung weg, weil sie leider Asylanten sind. Das alles als Förderung der Jungen zu verkaufen, wird gar nicht erst versucht, das wär denn doch zu außerirdisch.

Oh du glückliches Österreich! Bald wird hier niemand mehr mit frisch gekochtem Essen belästigt werden. Alle gehen zu McDonalds und werden dick. Die Ärzte müssen ja auch von etwas leben.

Studium

Wer die Bildungsmühlen des Schulsystems überlebt und seine Fähigkeit zum selbständigen Denken dennoch nicht verloren hat, dem gibt die Universität den „letzten Schliff". Es ist natürlich völlig in Ordnung, wenn man während eines Studiums ein wissenschaftliches Handwerk lege artis erlernt. Nicht in Ordnung ist die dabei stattfindende Gehirnwäsche. Bei allen Prüfungen erlernt der Student, dass es erlaubtes und erwünschtes Wissen gibt, das man können muss, ebenso wie unerlaubtes Denken, worüber man nicht reden darf, will man die Prüfung bestehen. Durch die immer stärkere Verschulung der Curricula wird die Selbständigkeit der Studenten fortlaufend eingeschränkt, solange, bis sie in die gewünschte Norm der sogenannten Wissenschaftlichkeit passen. Dabei lernen sie auch die Dogmatik des erlaubten Denkens kennen und kriegen mit, dass selbstständiges Denken schädlich für die Karriere ist, vor allem, wenn man Wissenschaftler werden will.

Viele verwechseln empirische Naturwissenschaft mit Wissenschaft. Der Göttin sei Dank gibt es viel mehr zwischen Himmel und Erde, als man mit physikalischen Geräten vermessen kann. Das beste Messgerät ist nach wie vor das menschliche Nervensystem mit seinen Billionen Zellen und Verbindungen. Dieses vermisst die reale Welt seit Jahrtausenden und entwickelt daraus empirisches Erfahrungswissen, das optimal an die jeweilige natürliche Umwelt angepasst ist. Es ist ein unverzeihlicher Hochmut der sogenannten "Empiriker", dass sie Daten aus Apparaten als einzige Wissensquelle definieren und alles menschliche Erfahrungswissen kategorisch ablehnen oder als minderwertig einstufen. Diese idiotische Einseitigkeit ist eine Selbstverstümmelung des menschlichen Geistes, die für den desaströsen Zustand unserer Welt verantwortlich ist.

Vieles was menschliche Kulturen seit Jahrtausenden wissen, wird von der Naturwissenschaft als esoterisch und unbeweisbar abgelehnt und aus der Wissenschaft von vornherein ausgeschlossen. Wenn etwa ein naturwissenschaftlich ausgebildeter Kardiologe sich mit Nahtoderlebnissen auseinandersetzt und dazu Thesen aufstellt, riskiert er einen Shit-Storm seiner Kollegen. Dabei können auch die Thesen des Dr. Pim van Lommel wissenschaftlich überprüft werden, man müsste es nur tun. Davor haben aber die Hohepriester der seelenfeindlichen Empirie sichtlich Angst, denn alles, was eine seelische Energie oder ein vom Körper unabhängiges Bewusstsein nahelegt, gilt als des Teufels. Wissenschaft ist in Wirklichkeit, dass es keine Denkverbote gibt, sondern jedmögliche These durch Erfahrung überprüft und gegebenenfalls widerlegt wird. Es ist ein Zeichen von dogmatischer Unwissenschaftlichkeit, wenn Thesen von vornherein von der Überprüfung ausgeschlossen werden, weil sie angeblich "unwissenschaftlich" sind. Fanatische Empiriker stellen sich mit einer solchen Haltung auf eine Ebene mit der katholischen Inquisition.

Es ist kein Zufall, dass viele der größten Erfindungen von Studienabbrechern gemacht wurden und nicht von Professoren. Die großen IT-GAFAM-Unternehmen wären nicht entstanden, wenn Zuckerberg, Gates und Co erst brav ihr Studium abgeschlossen und auf ihre Berufsberechtigung gewartet hätten, bevor sie mit Erfinden anfingen. Auch Österreichs junger Bundeskanzler fand den politischen Erfolg viel interessanter als sein Jus-Studium. Mag sein, dass die Genies sich so oder so durchsetzen. Mit Genies allein ist aber kein Staat zu machen. Der Verdacht liegt nahe, dass die große Masse der Jungen unter ihren Möglichkeiten bleibt, wenn sie durch den Prüfungs-Hürdenlauf bis in ein Alter gestresst werden, indem die Kreativität ihres Gehirns schon abzunehmen beginnt.

Geld

Meine Eltern haben nach dem Krieg hart gearbeitet und gespart, denn wir Kinder sollten es einmal besser haben. Durch die Zinsen vermehrten sich ihre Ersparnisse über die Jahre und als sie starben, war genug da. Jeder meiner Brüder (und ich) bekam etwas Startkapital als Erbteil, womit wir uns Wohnungen anzahlen konnten, sodass wir jetzt als Alte sorgenfrei in unseren abbezahlten Eigenheimen leben können. Für mich war es daher selbstverständlich, auch meinen Kindern einmal eine Starthilfe mitzugeben, wenn sie es brauchen.

Doch das wird zunehmend schwieriger. Zinsen gibt es nicht mehr, weil der Staat so viel Schulden gemacht hat, dass er sich nur mehr über Nullzinsen und Inflation über Wasser halten kann. Damit der Staat nicht zusammenbricht, zahlen wir alle mit der schleichenden Entwertung unserer Ersparnisse. Die Tipps der Bankbeamten, man müsse eben in Aktien investieren, sind nur der reine Hohn. Denn mit Aktien machen vielleicht Spekulanten und Großfonds Gewinne, indem sie die Schwankungen der Börsen ausnutzen und beeinflussen, sicher aber nicht die kleinen Leute, die letztlich immer wieder auf kriminelle und halbkriminelle Betrüger hereinfallen, wobei die Grenzen zwischen erlaubten Bankgeschäften und kriminellem Betrug immer mehr verschwimmen, sodass der Laie das eine vom anderen nicht mehr unterscheiden kann.

Seit der Neoliberalismus in allen entwickelten Ländern dafür gesorgt hat, dass die Einkommensschere immer weiter aufklafft und immer mehr Geld bei den Reichen landet, werden die kleinen Leute immer stärker ausgebeutet. Die grassierenden Manipulationen der Finanzspekulanten führen dazu, dass Aktiengewinne von den Reichen abgeschöpft werden und Finanzschulden via Steuern von der stillen Mehrheit bezahlt werden, die vorher nichts von den Gewinnen hatte. Dies ist eine ständige Umverteilung von unten nach oben und führt dazu, dass unsere Kinder kaum mehr eine Chance haben, sich etwas zu ersparen und Rücklagen zu bilden.

Früher konnte man sich schon während der Lehre und in den ersten Berufsjahren Geld ersparen und sich bei der Hochzeit eine erste Wohnung anzahlen. Das ist heute praktisch nicht mehr möglich, weil die Zeit des Geldverdienens immer später beginnt und die Einkommen immer prekärer und unregelmäßiger werden. Heute müssen Mann und Frau 2 volle Gehälter aufbringen, um überhaupt die Lebenskosten bezahlen zu können. Die Mieten werden so horrend teuer, dass die Wohnungsgrößen immer mehr zurückgehen und viele sich gar keine eigene Wohnung mehr leisten können.

Das soll der Fortschritt sein?
Das soll sozial gerecht sein?

Wohnen

Was sich seit der Finanzkrise von 2008 auf dem Wohnungsmarkt abspielt, ist ein himmelschreiender Skandal. Wohnungen sind heute oft dreimal so teuer wie vor 10 Jahren. In Salzburg findet man sowieso keine Mietwohnungen mehr, weil alle leerstehenden Objekte von Spekulanten und ausländischen Zweitwohnungsbesitzern aufgekauft sind, die meiste Zeit des Jahres leer stehen und die Besitzer nur auf Spekulationsgewinne warten. Eine 65m2-Wohnung um 2500 Euro oder eine Garconiére um 1000 Euro erscheint den Immobilienmaklern ganz normal, sie werden nicht einmal rot dabei, wenn sie solche Summen fordern. Mehr wie 3000 Euro verdient aber kaum ein junges Paar, selbst wenn beide Vollzeit arbeiten – was bleibt da noch? Viele stellen sich ein Tiny House im Grünen auf, das hat maximal 30m2 und soll sehr kuschelig sein, aber Kinder-Kriegen kann man sich da gleich einmal abschminken, denn für die ist schlicht und einfach kein Platz. Wer also nicht zufällig Geld von seinen Eltern erbt, bleibt ein Leben lang in der Wohnungs-Armuts-Falle gefangen, selbst wenn alles seinen normalen Gang geht. Geschiedene und Alleinerziehende mit Kindern sind schon lange armutsgefährdet.

Das ist also die Zukunft, die wir unseren Kindern hinterlassen? Jahrzehntelang hat der Staat so viel Geld für Prestigeobjekte, Subventionen, Bestechungsgelder und Luxusapanagen ausgegeben, dass nun für unsere Kinder nichts mehr übrig bleibt? Immer noch erhöhen alle Regierungen die Steuern und kommen gleichzeitig nicht damit aus und haben ohne vor Scham rot zu werden die Frechheit, uns das als Wohltat an uns Wählern zu verkaufen? Die Mächtigen dieser Welt haben den Geldmarkt so ruiniert, dass als Folge davon auch der Wohnungsmarkt von den Reichen ruiniert wird. Immobilien sind zur einzig sicheren Geldanlage und damit zum Ziel aller Spekulanten geworden. Sämtliche Politiker aller Länder schauen mit stoischer Ruhe zu, wie die Wohnungspreise als Folge dieser verfehlten Politik und der vermeintlichen „Marktwirtschaft" durch alle nur denkbaren Decken schießen. Ist halt so, was kümmert das die, die sich vor Jahrzehnten eine billige Bleibe sichern konnten? Die selbst noch einen Teil ihrer Eigentumswohnung als Förderung vom Staat geschenkt bekommen haben, sodass es heute de facto keine Wohnungsfördergelder mehr gibt? Sollen doch die Jungen schauen, wo sie bleiben, der Papa wird's schon richten, ja und wenn man keinen Papa und keine Mama mit Geld hat, tja, Pech gehabt.

Bei schönen Parteitagsreden werden zwar schöne Lippenbekenntnisse über das Recht auf Wohnen abgegeben, aber die sind nie ernst gemeint, denn Taten folgen darauf nie. Statt dass ein europaweiter Aufschrei durch die Reihen geht und Oppositionsparteien sich das Thema „Wohnen" auf die Fahnen heften, geschieht … nichts, absolut nichts. Nicht einmal sozialdemokratische und linke Parteien rühren sich, merken nicht einmal, dass sie mit diesem himmelschreienden Missstand die Regierungen vor sich hertreiben könnten. Schlimmer noch – wenn der Chef der deutschen Jungsozialisten über Maßnahmen nachdenkt, wie man die Immobilienspekulation eindämmen könnte, fällt die gesamte Politelite Deutschlands über ihn her, als sei er Teufel und Belzebub in einer Person.

Was sollen die Jungen von so einer abgehobenen Politkaste halten, die sie in keiner Weise vertritt? Von denen sie noch dazu als politikverdrossen beschimpft werden und wenn sie demonstrieren, droht man ihnen Strafen wegen Verletzung der Schulpflicht an.
Geht's noch?
Auf welchem Planeten leben die Entscheidungsträger eigentlich?

Natur

Die Kinder früherer Generationen mussten vieles aushalten: Prügelstrafen, Armut, Kriege – aber eines war immer sicher: die unberührte Natur, die Wiesen, Wälder, die Tiere, die Seen und Flüsse. Dorthin konnte man flüchten und auftanken, sich austoben und vergessen, was es vielleicht an Zoff mit Lehrern und Eltern gab.
Wir haben unseren Kindern diese letzte sichere Zuflucht genommen. Es gibt keine unberührte Natur mehr, alles wird zubetoniert, vergiftet, verbaut, ausgebeutet und kahl gemäht. Wir beklagen uns, dass Kinder nur mehr vor dem Computer und Handy sitzen, sich nicht bewegen und immer dicker werden. Aber was bleibt ihnen denn übrig? In der Stadt gibt es außer Beton und Asphalt kaum Bewegungsräume, und die sind vor allem für Autos konzipiert und nicht für Kinder.

Alle schönen Orte meiner Kindheit sind heute von Autobahnen und Schnellstraßen zugepflastert, oder auch von Gewerbegebieten und Supermärkten. Meiner Frau geht es genauso, wenn sie in ihre Heimat fährt, blutet ihr jedesmal das Herz. Sie wohnte in der Nähe eines Bauernhofs, dort gab es Tiere, Brunnen, einen Fluss, einen Wald – sie und ihr Bruder waren den ganzen Tag im Freien unterwegs. Heute kann man Kinder gar nicht mehr allein ins Freie lassen, will man nicht riskieren, dass sie von einem Auto überfahren werde. Erlebnisse mit Tieren jeder Art zählten zu meinen und ihren schönsten Erinnerungen. Heute wünschen sich viele Kinder zumindest einen Hund und bekommen ihn doch nicht, denn der würde ja die Wohnung schmutzig machen.

Und es wird immer schlimmer. Die Arten sterben, Schmetterlinge gibt es nicht mehr, Bienen bald auch nicht. Was Wunder, wenn sich die Kinder in den virtuellen Welten ihrer Handys vergraben. Wo sollen sie denn sonst hin, wenn sie etwas erleben wollen?

Gestohlene Zukunft

Die Welt der Zukunft steht Kopf: Die Erwachsenen benehmen sich wie sorglose Kinder, die kein Morgen kennen. Die Kinder hingegen müssen sich ernsthafte Sorgen um ihre Zukunft machen.
In den letzten 50 Jahren haben zwei Generationen von Erwachsenen alles Kapital aufgebraucht, das wir eigentlich für unsere Kinder bewahren sollten. Wir haben alles Geld verprasst, die Staatsschulden bis an die Grenze getrieben, die Böden zubetoniert, die Natur vergiftet und die Arten vernichtet. Jetzt sind wir dabei das Klima zu ruinieren.

Eine schöne Bescherung!
Aber wir machen weiter wie bisher. Das Klima retten wir – vielleicht – in 20 Jahren. Die Reichen verteidigen ihr Recht auf Besitz und Verschwendung mit Zähnen und Klauen. Die Einkommensschere geht immer weiter auf. Den Jungen hinterlassen wir dafür immer mehr ungelöste Zukunftsprobleme. Sollen die sich doch darum kümmern, wenn sie dereinst endlich was zu sagen haben.

„Verkauft's mein Gwand, ich fahr in' Himmel" ist der Wahlspruch der Verschwender. Was kümmern mich all meine Schulden und Probleme, wenn sie schlagend werden, bin ich eh längst tot. So denken heute die meisten Erwachsenen. Wir wollen unsere Ruhe haben und unsere wohlerworbenen Rechte genießen, solange es noch geht. Lang geht's eh nicht mehr, aber nach uns die Sintflut.

Diesen Missstand, der offenbar niemand stört, nenne ich die gestohlene Zukunft der Kinder. Wir wissen seit Jahrzehnten, dass wir auf deren Kosten leben, aber wen kümmert das? Die Kinder nicht und wenn, dann haben sie ja eh nichts zu sagen. Sollen weiter brav sein und die Krot schlucken.
Jetzt haben die Jungen auf einmal die Frechheit und wehren sich:

Waris Dirie fordert ein Ende der Genitalverstümmelung. Na die soll sich noch einmal in ihre Heimat Somalia trauen, dann machen die Milizen kurzen Prozess mit ihr.

Malala Yousefzai fordert Bildung für muslimische Mädchen. Da bleibt doch nur der Schuss in den Kopf. Blöderweise überlebt sie den und gibt immer noch keine Ruhe.

Nadia Murad prangert die Vergewaltigung und Versklavung jesidischer Mädchen an. Sie erlebt noch, dass die Täter und Mörder des IS besiegt werden.

Und jetzt noch Greta Thunberg! Da hört sich doch alles auf. Da läuft die Abwehrmaschinerie der Mächtigen zur Höchstform auf.
Die ist doch sicher nur von ihrem Vater oder von irgendwelchen Umweltgruppen gepuscht worden. Das hat die sich doch nicht selbst ausgedacht. Die wird sicher dafür bezahlt. Und außerdem ist sie Asperger-Autistin, sprich behindert, also nicht zurechnungsfähig.

Für eine Autistin hat sie aber ein ausgesprochenes Redetalent und messerscharfe Argumente. Und der Asperger-Autismus ist zwar sehr bekannt, aber auch sehr umstritten. Denn Hans Asperger war ein Nazi-Arzt, der Kinder auf den Spiegelgrund in Wien überwies, wo sie dann euthanasiert wurden. Also nicht unbedingt ein menschenfreundlicher Kenner von Kinderseelen.

Thunbergs Ansichten sind für mich jedenfalls viel überzeugender als Aspergers abstruse Theorien. Das sehen auch Millionen Jugendlicher in aller Welt so. Greta Thunberg hat in wenigen Monaten schon mehr verändert als alle Klimaexperten in vielen Jahrzehnten. Sie ist nicht umsonst die Ikone des Jugendprotests. Und sie wird noch lange keine Ruhe geben.

Der Wahnsinn des Patriarchats

Der Betrug an den Jungen hat viele Formen, aber alle haben eine gemeinsame Ursache: Seit 5000 Jahren gibt es das Patriarchat mächtiger Männer, dieses lebt von der Unterdrückung der Mehrheit und indoktriniert unsere Gehirne in einen kollektiven Wahnsinn, der so „normal" ist, dass man ihn gar nicht mehr hinterfragen darf. Im Patriarchat dürfen Kinder ebenso ausgebeutet werden wie Frauen, Tiere und Ökosysteme. Seit 5000 Jahren werden Kinder versklavt, im Krieg verheizt und um ihre Zukunft betrogen. Wenn sie dann vor lauter Traumatisierung körperlich und seelisch verkrüppelt sind, bekommen sie zum Schaden noch den Spott dazu: Die Kinder des „Pöbels" sind unbegabt, unzivilisiert, schmutzig, charakterlos, kriminell und schwach. Keiner fragt nach, wer sie in diesen menschenunwürdigen Zustand gebracht hat.

Dabei ist es eine enorme Leistung, unter den Bedingungen des Patriarchats überhaupt zu überleben und zumindest einige Fähigkeiten zu entwickeln. Straßenkinder in den Slums der Großstädte wachsen ohne Eltern und ohne jeden Schutz auf und sind dennoch sehr erfindungsreich, wenn es ums Überleben, um

Nahrung und Anpassung an eine feindliche Umwelt geht. Sie schließen sich zu Kindergruppen zusammen und helfen sich gegenseitig, überleben auf Müllhalden von weggeworfenen Nahrungsresten, sammeln Plastik und Glas oder erbetteln sich ein paar Cent. Diese „verwahrlosten" Kinder muss man noch zu den Arbeitssklaven dazuzählen, dann kommt man auf 300 Millionen unterdrückter und im Stich gelassener Kinder. Diese Kinder sind so stark, dass sie auch die widrigsten Umstände bewältigen und dennoch erwachsen werden, was beweist, dass sie so intelligent sind wie alle anderen Kinder auch. Dass sie angeblich in Intelligenztests schlechter abschneiden, liegt an den bildungsabhängigen Tests, nicht an den Kindern.

Menschen, die so mit Kindern umgehen, haben kein Gewissen, haben dieses schon vor langer Zeit verloren. Wer sich ohne Kritikfähigkeit auf das Patriarchat einlässt, verliert bald alle Werte, die zur Humanität gehören, und wird ein seelenloses Monster. Mit den Rechtfertigungsreligionen des Patriarchats fühlt er sich überdies noch im Recht, denn die Welt ist ja angeblich so, war es immer und wird es immer sein. Priester haben zu allen Zeiten Kinder missbraucht, körperlich, geistig und sexuell, je nach Bedarf. Jetzt soll das auf einmal verboten sein? Touristen dürfen jetzt endlich das, was die Herrschenden immer schon taten. Ein Billigflug nach Thailand oder auf die Philippinen und schon kann man seine Pädophilie nach Herzenslust ausleben. In der Antike wurde die Pädophilie philosophisch zur „Knabenliebe" verbrämt, angeblich wurden die Buben nur über Sex mit älteren Männern zu richtigen Männern. Nicht einmal Altphilologen denken darüber nach, ob Kindesmissbrauch von Buben und Gewaltbereitschaft der antiken Männer vielleicht in einem ursächlichen Zusammenhang stehen, was nach der modernen Traumaforschung zwingend angenommen werden muss.

Manche Reiche versuchen, ihr schlechtes Gewissen mit Spenden an Wohlfahrtsprojekte zu beruhigen und machen daraus eine neue Reichtumsphilosophie. Man muss ja zuerst reich werden, damit man dann möglichst viel spenden kann. Meist werden die Spenden aber aus dem Werbebudget finanziert, damit man in der Öffentlichkeit gut da steht. Auf Kosten von Kindern zu leben und ihnen nur Schulden und eine kaputte Natur zu hinterlassen, sollte sozial geächtet werden.

Kinder und Jugendliche sind nicht dumm. Sie merken langsam, dass sie übers Ohr gehauen werden und beginnen, sich zu wehren.

III. Der Protest der Jungen

Es war nicht immer so, dass die Jungen um ihren Platz in der Gemeinschaft kämpfen mussten. Ganz im Gegenteil! Bei allen Naturvölkern gab und gibt es bei Erreichen der biologischen Geschlechtsreife ein großes Fest. Bei diesem werden die Jungen in die Gemeinschaft der Männer, die Mädchen in die Gemeinschaft der Frauen aufgenommen. Ab da gehören sie dazu, haben ihren Platz in der Gemeinschaft sicher und sind darin geborgen bis zu ihrem Tod. Sie sind von Anfang an vollwertige Arbeitskräfte, weil alle alles gemeinsam machen und zusammenhelfen. Somit haben die Jungen Stolz und Würde der Krieger, der Mütter, der Handwerker und die Identität der Gruppe, zu der sie gehören.

Unsere Jungen müssen sich ihre Identität selbst suchen. Dies ist zwar einerseits eine wertvolle Freiheit, andererseits oft ein langer Weg, da die Identität in unserer Gesellschaft oft aus der Zukunft kommt und erst erfunden werden muss. Gute erwachsene Modelle sind oft rar, die Modelle der Alten oft nicht mehr brauchbar. Wenn die Jungen den Alten folgen, ist es oft ein Weg in die Vergangenheit und der erweist sich schnell als nicht gangbar. Wenn die Jungen neue Wege gehen, werden sie oft abgewertet und bekämpft. Ihre Pionierarbeit wird als „brotlose Kunst" oder „Fantasterei" lächerlich gemacht. Die damit verbundene Wechseldusche von Minderwertigkeit und Selbstbewusstsein muss man erst einmal aushalten.

Konnten sich die Jungen früher damit trösten, dass sie vielleicht falsch begonnen hatten und erst einen anderen Weg einschlagen mussten, um den richtigen zu finden, so geht es seit einem Jahrzehnt ans Eingemachte. Immer mehr Junge kommen zum Schluss, dass nicht nur einzelne Wege sondern die Zukunft als Ganzes blockiert ist und ein glückliches Leben in immer weitere Ferne rückt, weil die Arbeitsplätze, die Ökologie, die Tierarten, die

Wohnungen, das Klima der Zukunft bestenfalls in den Sternen stehen, jedenfalls aber den Politikern herzlich egal sind, weil die nur an die nächste Wahl und an den eigenen Profit denken.

Es ist also reine Notwehr, wenn immer mehr Junge auf die Straßen gehen und für eine lebenswerte Zukunft kämpfen. Damit werden sie auch nicht so schnell aufhören, denn der Trieb zur Selbsterhaltung treibt sie an. Sie werden erst aufhören, wenn sich wirklich etwas zum Guten ändert.

Der Protest der Jungen ist längst im Gange, auf allen Ebenen. Nicht nur auf der Straße sondern in allen Gesellschaftsbereichen: in der Wirtschaft, der Politik, der Ökologie, dem Arbeitsleben, der Kunst, im Sport; im Internet, in der Lebensgestaltung und im Gender-Bewusstsein. Längst ändern die Jungen die Welt und niemand kann diese Veränderung rückgängig machen.

Revolutionen: Kampf um Gleichheit

In der Urzeit waren alle Menschen gleich. Etwas anderes hätten sie sich gar nicht leisten können. In den kleinen Stämmen und Clans mussten alle zusammenhalten, sonst hätten sie die Angriffe der Raubtiere in der Savanne nicht überlebt. Wenn es je einen Menschenstamm mit hierarchischen Unterschieden gegeben hat, dann ist der wohl ausgestorben. Wie bei den Bonobos, den Elefanten und den Walen sorgten die matrifokalen Müttergemeinschaften für das Überleben der Jungen, die starken Männer sorgten für den äußeren Verteidigungsring. Alle Mitglieder der Clans waren in Freud und Leid miteinander verbunden und unterstützen sich gegenseitig.

Vor 5000 Jahren entstanden in Südrussland auf Grund von Klimastress patriarchale Gemeinschaften von Rinderhirten, die sich hierarchisch organisierten und mit Raubüberfällen immer mehr Nachbarvölker eroberten. Sie erfanden das Kriegshandwerk, das

Königtum und die Waffentechnik. Sie begannen, Frauen, Kinder, Tiere und Ökosysteme zu unterdrücken und breiteten sich im Lauf der Zeit über die ganze Erde aus. Seitdem dreht sich alles um Macht und Geld, wo immer das Patriarchat die Erde beherrscht und zerstört.

Im Patriarchat werden 90% aller Menschen und Lebewesen unterdrückt, was diese sich naturgemäß nicht immer willig gefallen lassen. Immer wieder kommt es zu Aufständen und Revolutionen, die den Urzustand der Gleichheit aller Menschen wiederherzustellen versuchen.
Derzeit entsteht der Aufstand der Jungen, die gleiche Chancen für alle Ökosysteme fordern.

Vor 50 Jahren revoltierten die Studenten und forderten Gleichheit für Frauen, Kinder und alle Völker.

Vor 100 Jahren forderten die rechten Nationalisten aller Völker gleiche Chancen für das eigene Volk, das zumeist von mächtigen Imperialisten unterdrückt war.

Vor 150 Jahren forderten die Sozialisten und Kommunisten gleiche Chancen für die ausgebeuteten Schichten des eigenen Volkes.

Vor mehr als 200 Jahren forderten die Revolutionäre in Frankreich gleiche Rechte für alle freien Bürger.

Vor 500 Jahren forderten die Protestanten gleiche Rechte für alle christlichen Religionen.

Durch die ganze Neuzeit zieht sich der Kampf um die Gleichheit zwischen einer mächtigen Oberschicht und der großen Mehrheit der Bevölkerung. Der Kampf wogt auf und ab, zuerst geht das Volk auf die Straße, dann schlägt die Staatsmacht zurück. Am Schluss siegen immer die Mächtigen, allerdings erreicht jede Revolution, wenn sie die schrecklichen Konterrevolutionskriege überlebt hat, kleine Konzessionen in die richtige Richtung:

Seit 1648 landen Protestanten nicht mehr auf dem Scheiterhaufen.
Seit 1815 steht die Gleichheit aller Bürger in den meisten Verfassungen
Seit 1945 gibt es in Europa funktionierende Sozialstaaten
Seit 1991 sind in den meisten entwickelten Ländern Frauen formal gleichberechtigt.

Die Geschichte bewegt sich zäh und langsam, aber sie bewegt sich. Den Mächtigen ist es geschuldet, dass jede Veränderung mit Millionen Toten in schrecklichen Kriegen erkauft werden muss.
1991 sprach Francis Fukuyama vom „Ende der Geschichte", da im Kapitalismus ja alle gleichberechtig und glücklich seien. Eine dümmere Theorie wurde selten aufgestellt und Fukuyama muss noch zu Lebzeiten zuschauen, wie alle seine Annahmen auf dem Müllhaufen der Geschichte landen.

Denn von all den Unterdrückten der Vergangenheit sind nur die Frauen den ärgsten Misshandlungen entkommen, obwohl noch längst nicht alle. Aber die Kinder, die Tiere, die Pflanzen, die Ökosysteme – die werden schlimmer unterdrückt als je zuvor.
Also sind die Kinder als nächste an der Reihe, sich zu wehren und die vielen subtilen Formen der Entrechtung nicht mehr hinzunehmen. Sie gehen auf die Straße und werden damit nicht so schnell aufhören. Wenn sie ihre Zukunft erleben wollen, können sie auch gar nicht aufhören zu kämpfen, weil ihre Zukunft gerade von den Mächtigen zerstört wird.

Schon greifen die Mächtigen der Welt auf ihr bewährtes Arsenal zurück, um den Aufstand der Kinder niederzuschlagen. Sie beginnen mit scheinbar harmlosen Argumenten:
Kinder sind noch gar nicht in der Lage, die Welt richtig zu beurteilen. Drum kann man sie nicht ernst nehmen (Dasselbe sagte man vor 50 Jahren über die Frauen, vor 100 Jahren über nationale Freiheitskämpfer, vor 150 Jahren über die Arbeiter und vor 200 Jahren über die Jakobiner und die französischen Aufklärer).

Kinder brauchen gar keine eigenen Rechte, weil ohnehin sich ihre Eltern darum kümmern (was in der Praxis aber nur bei wenigen Glückspilzen funktioniert). Das stimmt genauso wenig wie die Meinung der Vergangenheit, dass der Vater als Haushaltsvorstand sich vorbildlich um seine Frau und seine Kindern kümmere.
Wenn sich die demonstrierenden Jugendlichen von solchen Argumenten nicht abhalten lassen, via Facebook zu Demos aufzurufen, dann schickt man ihnen halt die Soldaten. Der von Jugendlichen angefachte arabische Frühling wurde in Ägypten, Syrien, Libyen, Sudan, Algerien und Jemen niedergeschlagen, ähnliches geschah in Venezuela und Brasilien.
Wenn die Revolutionäre dann immer noch keine Ruhe geben, erklärt man sie zu Terroristen. Damit sind sie endgültig vogelfrei und aller Menschenrechte verlustig gegangen.

Jugendrevolution – Fridays for Future

Wir Alten können die Welt nicht retten. Wir haben ein Leben lang gegen den Wahnsinn des Patriarchats angekämpft, aber langsam geht uns die Kraft aus.
Die Jungen aber sind hungrig nach der Zukunft, denn es ist ihre Zukunft. Sie sprühen vor Ideen, wie man sie gestalten könnte. Und sie haben Recht. In allem was sie sagen.

Noch wehren sich die Patriarchen, so gut sie können. Sie halten die Jungen fern von aller Macht, denn bevor die mitreden dürfen, müssen sie erst unser „altbewährtes" Denken erlernen und Gehirngewaschen werden.

Wie dumm ist das denn?

Wollen wir weiterhin 90% unseres Innovationspotentials blockieren, bis die Jungen so alt geworden sind wie wir und ihnen auch die Luft ausgeht?

Wir leben in einer Gerontokratie. Die ist derzeit das zentrale Herrschaftsinstrument des Patriarchats. Die wenigen Reichen und Mächtigen können die Massen der Menschen nur beherrschen, indem sie diese durch unzählige soziale Filter jagen, die hierarchisch nach Altersstufen gegliedert sind. Man muss sich hinaufdienen und in jeder Stufe seine Wünsche, seine Ziele und seinen Lebenssinn Schritt für Schritt an der Garderobe abgeben. Angeblich bekommt man in der Pension alles zurück. Aber das stimmt nicht. Die heutigen Jungen werden nie eine Pension bekommen.
In stabilen Gesellschaften waren die alten Weisen die Träger der Tradition. Das funktionierte, solange es gute Traditionen zu bewahren galt. Das medizinische Wissen der Amazonas-Indianer etwa, oder das Wissen der weisen TEM-Frauen.

Doch das Patriarchat hat alle guten Traditionen zerstört, um immer mehr Menschen geistig zu beherrschen. So machte es die Gerontokratie zum pervertierten Instrument der Weisheitszerstörung.

Es waren immer schon die Jungen, die die Welt verändert haben. Ohne ihre Energie und ihren Enthusiasmus geht gar nichts. Sie wurden nur die letzten 5000 Jahre vor den Karren der Patriarchen gespannt. Die wollten große Reiche errichten, um immer mächtiger zu werden, physische (Imperien) und geistige Reiche (=Religionen). In Kasernen und Klöstern fand die Gehirnwäsche statt. Dann schwärmten junge Krieger und Mönche aus, um alles zu zerstören, was den Patriarchen im Wege stand.

Vor 40 Jahren haben sie etwas übersehen. Da sie nichts von Computern verstanden, wähnten sie die IT-Technologie in den festen Händen von IBM, das damals den Weltmarkt beherrschte. Steve Jobs und Stephen Wozniak hielten sich nicht an die Regeln und bauten in einer Garage den ersten PC. Seitdem haben ein paar Dutzend junge Studienabbrecher die Wirtschaftswelt auf den Kopf gestellt.

Ein inzwischen korrigierter Lapsus. Die Studienabbrecher wurden einfach in die Reihen der Patriarchen aufgenommen und alles bleibt wie es ist.

Schade, dass Steve Jobs tot ist. Sonst hätte er seine Tools längst an die jungen Revolutionäre in allen Gesellschaftsbereichen weitergegeben.

Aber es geht auch ohne ihn. Derzeit stellen 15-jährige Mädchen im Verein mit ihren Freunden die Welt auf den Kopf. Oder besser gesagt auf die Füße, damit sie nicht einstürzt.

Lasst die Jungen endlich machen, sie machen es besser als wir. Sie werden die soziale und ökologische Wende ebenso hinkriegen, wie es ihnen mit der IT-Revolution schon gelungen ist.

Warum Greta Thunberg Recht hat

Sie wird belächelt und verhöhnt, die kleine Schwedin, und trotzdem treibt sie die Politik vor sich her und die Jungen folgen ihrem Aufruf in 140 Ländern der Welt.

Warum? Weil sie Recht hat!

Die schönen Lippenbekenntnisse der Politiker haben bis jetzt nichts geholfen, weil sie es nicht ernst meinen. Die Internationale Energieagentur hat vor kurzem 39 Technologien untersucht, die für den Klimawandel essentiell sind.

Die Forscher haben ihren Teil erfüllt und in 7 Bereichen wesentliche Innovationen entwickelt: In Fotovoltaik, Biomasse, Elektroautos, Informationstechnologie, Energiespeichern u.ä.

Versagt haben die Politiker: In 13 Bereichen, wo alle Schritte bekannt sind und es nur mehr der gesetzlichen Durchsetzung bedarf, hat sich gar nichts geändert: Bei Kohlekraftwerken, Gebäudeisolierung, Kraftstoffverbrauch, Heizen, SUV-Autos, etc.

ist der CO_2-Ausstoß überhaupt nicht zurückgegangen, weil die Parteien Politik vor allem für die Industrie machen, der sie sich mehr verpflichtet fühlen als den Wählern und der Natur.

Parteien die weiterhin glauben, mit dem Argument „Sicherung der Arbeitsplätze" ihre Wähler bescheißen zu können, werden abgewählt, SPD und SPÖ haben's grade erlebt.

Greta Thunberg wird inzwischen zur internationalen Klima-Galionsfigur.

Greta und die Schüler von Fridays for Future gibt es erst seit einem halben Jahr und schon wackelt die Strategie der Parteien, sie auszusitzen, indem man sie einfach nicht ernst nimmt. Bei der Europawahl 2019 ist der Klimawandel erstmals in der Geschichte das beherrschende Thema. Die Grünen in Deutschland werden zweitstärkste Partei, in Umfragen nach der Wahl sogar zur stärksten. Die SPD sieht mit ihrer redundanten Sorge um Arbeitsplätze plötzlich alt aus und sinkt auf 15% der Stimmen. In Österreich geschieht ähnliches. Neu ist auch, dass die Jungen ihre Eltern und Verwandten motivieren können mitzumachen.

Die Internet-Revolution

Die wirtschaftliche Revolution läuft bereits seit 20 Jahren. Seit der Jahrtausendwende krempeln die Internet-Nerds die Industrie, das Marketing und den Verkauf um. Bei all diesen Veränderungen haben die Digital Natives die Nase vorn, weil sie die neuen Informationstechnologien schneller begreifen als die Etablierten. Erstmals in der Geschichte wissen die Jungen besser Bescheid als die Alten. Studienabbrecher in den USA und in Europa gründen Start-Ups, die mit ein bisschen Glück in den Himmel schießen und Marktführer werden. Die GAFAM-Riesen beherrschen die Welt und nehmen keine Rücksicht auf alte Machthierarchien.

Damit sind auch all die Märchen entzaubert, dass die vielen Prüfungs- und Ausbildungshürden für den Erfolg im Beruf unbedingt notwendig sind. Im Internet haben vor allem jene Erfolg, die sich dem Ausbildungszinnober nicht unterworfen haben und sofort ihr eigenes Ding gestartet haben. Anders als Doktoranden und Uni-Dozenten haben sie nicht viele wertvolle Zeit an Universitäten verplempert. Dann hätten nämlich andere das große Geschäft gemacht.

Wer sagt, dass nur in Silicon-Valley die Musik spielt? Es geht auch, wenn man aus Österreich kommt, gerne läuft und eine Vision hat. Das beweist Florian Gschwandtner (2018), der Gründer der Lauf-App Runtastic. Interessantes Buch, tolle Einblicke in das Leben eines Start-up Gründers, beeindruckende Geschichte einer Bilderbuchkarriere vom Studenten zu einem der führenden Unternehmerpersönlichkeiten. Für jeden, der einen Blick in die digitale Welt und die Hochs und Tiefs des Unternehmerdaseins wagen will. Entrepreneurship, interessante Methoden der Firmenführung, kurzweilig und abwechslungsreich, was will man mehr von einem Buch! Leseempfehlung für alle, die gerne joggen. Die Biografie ist authentisch und lässt genug Spielraum für seine drei Gründerkollegen sowie einige wichtige Wegbegleiter am Weg zur erfolgreichsten Fitness-App. Fazit: lesenswert!

Sport

Eine stille Revolution hat in den letzten 50 Jahren stattgefunden: Wer heute seine Muskeln erproben will, muss nicht mehr zum Militär und sich dort zum Töten ausbilden lassen. Zwar lassen sich viele Sportler noch vom Militär bezahlen, aber notwendig ist das nicht – ein paar reiche Sponsoren tun's auch. Die modernen Gladiatoren riskieren – von seltenen Ausnahmen abgesehen - auch nicht mehr ihr Leben, wenn sie in den Ring steigen. Die Stadien sind die Kollosseen der Gegenwart und heute wie damals freuen sich die Zuschauer über die Kämpfe, die ihnen geboten werden. Spannung und Unterhaltung gibt es auch bei Fußballspielen oder Tennismatchs, ohne dass dabei Blut fließt.

Die Revolution ist folgende: Kraft und Leben der Jungen werden nicht mehr für den Ruhm der alten Feldherrn geopfert, die Jungen profitieren selbst von ihrem Erfolg und werden damit reich, oder zumindest wohlhabend. Die Alten naschen zwar am Erfolg mit, aber ohne die Jungen sind sie nichts. Sie zahlen Millionenbeträge für Sportstars, dadurch haben die als Werbestars auch nach Beendigung der aktiven Karriere ein gutes Einkommen.
Je entwickelter ein Land ist, desto mehr Sportjobs gibt es. Für Fußballer und Läufer aus Afrika ist Sport der schnellste Weg aus der Armut. Sie werden von Talent-Scouts nach Europa geholt, bekommen eine EU-Staatsbürgerschaft und werden von den weißen Europäern bejubelt, die sonst die Afrikaner im Mittelmeer ertrinken lassen. Im Sport herrscht sehr schnell Gleichheit, die sonst auch nach endlosen Diskussionen nicht herzustellen ist.

Es geht doch. Sportliche Leistungen sind etwas Natürliches und werden so bewundert, wie es alles in der Natur verdiente. Und der Bedarf an Sportlern wächst ständig. Immer neue Sportarten werden erfunden, immer neue Arenen gebaut. Je mehr Grundbedürfnisse der Menschen gedeckt sind, desto mehr Unterhaltung brauchen wir, damit uns nicht fad wird. Im Sport ist die multikulturelle Internationalität ganz schnell möglich, die sonst von nationalem Machtstreben blockiert wird.

Die Jungen machen es besser als die Alten. Ihnen sind Spaß an der Bewegung und Freude an der eigenen Leistung viel wichtiger als Macht. Statt Macht, die Gegner schafft, haben sie Einfluss, der aus der Beliebtheit kommt. Es ist viel schöner, Fans zu haben, die einen lieben und bewundern als Befehlsempfänger zu beherrschen, die einen fürchten und insgeheim hassen. Das ist die wirkliche Jugendrevolution und sie findet auf der ganzen Welt statt: Macht wird durch Beliebtheit ersetzt. Das macht das Leben viel schöner als das alte Spiel der Macht, wo man ständig vom Absturz bedroht ist.

Viele Sportler sind nur scheinbar Gegner. Auf dem Tennisplatz will natürlich jeder gewinnen, aber vor und nach dem Spiel sind viele Top-Spieler befreundet und respektieren die Leistung des anderen.

Musik

Eine zweite Jugendrevolution war in den letzten 50 Jahren erfolgreich. In der Musik wurde die Welt völlig auf den Kopf gestellt, entstanden neue Ausdrucksformen, neue Stars und neue Verdienstmöglichkeiten. Und auch hier haben die Jungen die Nase vorn.

Vor 300 Jahren im Barock wurde noch hauptsächlich Kirchenmusik komponiert und Musiker mussten sich mit Bischöfen, Fürsten und Königen gut stellen, wenn sie von ihrer Kunst leben wollten. Vor

200 Jahren füllte das Bürgertum die Konzertsäle und Musiker brauchten eine lange Ausbildung, bis sie ihr Instrument oder ihre Stimme perfekt beherrschten. Vor 100 Jahren brach die Jazz- und Gospelmusik der schwarzen Negersklaven aus den Ghettos aus und setzte zu einem Siegeszug rund um den Globus an. Die heutige Popmusik geht auf den ersten erfolgreichen Sklavenaufstand der Weltgeschichte zurück. Die Enkel der amerikanischen Sklaven sind heute gefeierte Weltstars.

Der Sturz der alten Musiktitanen fand zu meinen Lebzeiten statt, innerhalb der Lebensspanne meiner Generation:
Als Kind musste ich noch am Sonntag Kirchenlieder singen und Musikverständnis bedeutete, die Symphonien und Opern der großen Komponisten zu kennen. Als Jugendliche hörten wir heimlich die Hitparade im Radio und wurden beschimpft, wenn wir diese „Negermusik" am Plattenspieler auflegten. Längst fühlten wir uns aber auf engen Konzert- oder Kirchensitzen nicht mehr wohl, denn dort durfte man sich nicht rühren und keinen Mucks von sich geben, bestenfalls durfte man im richtigen Moment klatschen.

Genau vor 50 Jahren, 1969, kam der Wendepunkt. In Woodstock, New York versammelten sich tausende junge Menschen und feierten ein tagelanges Fest des Friedens und der Musik. Zwar gab es kein 2. Woodstock, aber die Open Air Konzerte wurden zum kollektiven Ritual der Jungen, dort pilgern sie hin, tanzen, lachen und singen. Bei genauem Hinsehen entpuppen sich die Open Air Festivals als neue mythische Feste einer neuen Jugendreligion, die die alten Kirchen ablöst. Nicht zufällig ähneln die kollektiven Verrenkungen der Fans den alten Stammestänzen der Naturvölker. Diese waren wärend der gesamten Menschheitsgeschichte ekstatische Energietankstellen, um Regen, Frieden, Mut oder Freude herbeizutanzen. Diese natürliche Art zu feiern wurde von der katholischen Kirche weltweit als heidnisch verteufelt und verboten. Nun kommt das „Neue Heidentum" zurück, sehr zum Bedauern der alten Hohepriester, die immer noch das Monopol auf die Auslegung des Willen Gottes beanspruchen.

Dieses Monopol ist tot und die Jungen laufen in riesigen Scharen zur Jugendreligion der Pop-Kultur über. Die Rockstars sind die neuen Hohepriester der Freude und der Lebenslust. Sie erfinden nicht nur neue Lieder sondern auch neue Rituale. Längst sind die Zuhörer keine stille Masse mehr, sie singen und tanzen mit und werden von den neuen Priester zu immer neuen Ritualen aufgestachelt:

Stagediving und Crowdsurfing: In der Masse kann man schweben und fliegen, als gäbe es keine Schwerkraft. Sänger werfen sich in die Menge und werden von ihr getragen. Zuhörer werden in die Höhe gehoben und schweben der Bühne entgegen.

Pogo-Tanzen in der Moshpit: Wildes Auf- und Abhüpfen in einer Menschentraube vor der Bühne mit Anrempeln, Körperkontakt und klaren Regeln: Ellbogen werden eingezogen, um niemand wehzutun, wer schwankt, wird von den Nachbarn aufrecht gehalten, wer umfällt, wird hochgehoben, kantiger Schmuck ist vorher zu entfernen. Bierduschen sind erlaubt, auch Mundschutz, um den aufgewirbelten Staub nicht in die Kehle zu bekommen.

Wall of Death: Auf Kommando des Leadsängers teilen sich die Zuschauer in zwei Gruppen, die dann wie in einer Schlacht aufeinander zu stürmen. Nach dem Aufprall wird wild weitergetanzt.

Freebird: Die Menge fordert lautstark einen Lieblingssong ein, vorzugsweise Freebird von Lynyrd Skynyrd, weil der 9 Minuten dauert. Je nach Dialog mit der Band wird geschimpft, mit den Augen gerollt oder das Lied tatsächlich gespielt.

Individuelle Bandrituale: Gute Bands entwickeln unverkennbare Rituale, die von den Fans dann schon erwartet und eingefordert werden, wie Schmeißen von Süßigkeiten oder Slips, barbusig tanzen, niedersetzen und hochspringen und vieles mehr. Die Konzerte gleichen immer mehr einem durchstilisierten Hochamt mit ausgefeilter Choreographie.

Ziel der Jugendreligion ist nicht das Jenseits oder die Erleuchtung, sondern die Freude im und am Diesseits. Die Ekstase führt in Trance und spendet Energie. Die Kultur der Urzeit ist zurück und wird nicht so schnell wieder verschwinden.

Wie in der Urzeit herrscht auch in der Musik das Prinzip der Gleichheit. Die Masse der Zuhörer ist ein Stamm aus lauter Gleichen und Gleichberechtigten. Jeder kann es auf die Bühne schaffen, ohne lange Ausbildung und schon in frühester Jugend. Musikalität und Ausdrucksbegeisterung reichen, um es schon mit 15 Jahren in eine Teenie-Band zu schaffen. Gefragt ist nicht Virtuosität sondern Kreativität, Stimmung und Gefühl.

Konzert- und Opernsäle gibt es zwar nach wie vor, aber sie sind längst ein Minderheitenprogramm für die konservativen Bürgerlichen. Viele hören noch gern Opernarien, aber in die engen Festspielsitze und kneifenden Anzüge quetschen sich vor allem Neureiche mit einem Hang zur Vergangenheit.

Influencer

Kaum verbreitete sich das Internet rund um die Welt, schuf es neue Berufe und neue Meinungsträger. Am Anfang waren viele einfach berauscht von den vielen Möglichkeiten und surften stundenlang im Netz, aus reinem Spaß und aus Neugierde. Die Digital Natives fanden aber schnell heraus, dass man mit Posten und Videos schnell jede Menge Anhänger gewinnen kann. Anfangs war es eine Art Sport, immer interessantere Beiträge zu veröffentlichen, um möglichst viele Likes zu bekommen. Aber Likes machen süchtig, denn sie sind die schönste Bestätigung, dass man wichtig und etwas wert ist. Im Internet zählen Werte, die im Wirtschaftsleben gar nichts wert sind oder umsonst verschenkt werden müssen: Jugend, Aussehen, Schönheit, Ausstrahlung, Kreativität, Humor, Ideen, Gefühl für Trends. Das sind alles Werte, in denen die Jungen die Alten übertreffen, die vor allem wegen Wissen, Erfahrung und Durchsetzungsfähigkeit geschätzt und bezahlt werden. Die Berufshierarchie, in der man sich jahrelang, ja jahrzehntelang hochdienen muss, ist im Internet außer Kraft gesetzt. 15-Jährige YouTuber können sich im Netz schnell eine Fan-Gemeinde aufbauen, einfach weil sie kreativ, witzig und hübsch sind und schnell auf einen neuen Trend aufspringen. Noch dazu macht das Ganze auch noch einen Riesenspaß, denn man postet natürlich nur, was einem selber Spaß macht. Dadurch kam man auch authentisch rüber, denn man glaubte ja an das Zeug, was man im Netz anpries.

Inzwischen ist eine ganze Influencer-Industrie entstanden, die effizienter ist als normale Werbung, zielgruppengenauer und weniger aufdringlich. Influencer machen Werbung, die nicht wie Werbung wirkt, da sie einfach ihre Meinung und ihre Vorlieben weiterverbreiten. Natürlich bekamen die Marketingstrategen schnell mit, dass Influencer-Werbung mehr return-on-investment bringt als Zeitungsinserate oder Fernsehwerbung, da sie immer nah an der Zielgruppe und noch dazu viel überzeugender ist als irgendein Slogan. Produkt, Aussage, Video und menschliches Modell – alles wird in einem Video miteinander verknüpft und bildet eine Einheit. So begannen die Marketing-Leute, die Influencer mit ihren Produkten zu überschütten, in der Hoffnung, diese in den nächsten Produktionen platzieren zu können. Dabei gibt es inzwischen 3 Influencer-Stufen:

1. Rezensenten: Bei Amazon und allen Online-Firmen kann man Produkte und Leistungen rezensieren. Dafür bekommt man schnell

alle möglichen Produkte geschenkt, wenn man sie zuverlässig rezensiert. Man muss seine Lieblingsprodukte nicht mehr kaufen, sondern lässt sich Rezensionsexemplare schicken. Ich bin selbst Buchrezensent und bekomme seit drei Jahren alle Bücher, die mich interessieren, umsonst. Ich kann so viel lesen, wie noch nie zuvor, bin so gut und aktuell informiert wie noch nie, dadurch werden meine Rezensionen natürlich auch immer besser. Andere spezialisieren sich auf Technik, Mode, Musik, Sport, jeder auf das, was ihn am meisten interessiert.

2. Blogger: Vor allem auf Instagram bauen sich junge Leute riesige Fan-Gemeinden auf, die besten haben Millionen Follower. Blogger und Follower bilden eine Community, die von ähnlichen Interessen gesteuert ist. Um viele Follower zu kreieren, braucht man ein möglichst originelles Blogger-Profil, dadurch entsteht eine sehr spezifische Fan-Gemeinde. Sobald man etwa 100.000 Follower hat, zieht man bereits Werbeaufträge an Land, wenn die Blogger Zielgruppe sich mit den Zielgruppen verschiedener Firmen deckt. Damit hat man zumindest einen hübschen Nebenverdienst und kann den Sprung in die Blogger-Selbständigkeit wagen.

3. Profi-Influencer: Diese haben so viele Follower und so viele Werbeverträge, dass sie gut von ihren Blogs leben können. Bloggen ist dann allerdings auch ein Fulltime-Job; man muss täglich, ja mehrmals täglich etwas liefern, was die Fans und Follower bei der Stange hält. Man macht immer bessere und individuellere Videos mit immer unterhaltsamerer Choreographie. Manche Influencer bauen sich so seit 10 Jahren ihre Karrieren auf, die Zahl der Follower und Likes steigt und steigt, und damit geht auch der eigene Marktwert durch die Decke. Früher oder später entwickelt jeder Influencer eine eigene Markt-Identity und konzentriert sich auf jene Produkte und Werte, von denen er am meisten überzeugt

ist. Ab da kommt er in eine politische Position, weil er gezielt neue Werte verbreiten kann.

Influencing ist eine wirtschaftliche und politische Revolution. Man braucht dazu nämlich keine Prüfungen und Eingangshürden bestehen und kann die normale Ochsentour einfach überspringen. Man muss sich also auch nicht der Anpassungs-Gehirnwäsche großer Firmen und Institutionen unterwerfen, wo einem normalerweise die Ideale und „Flausen" ausgetrieben werden. Im Gegenteil – je mehr Flausen desto besser. Originalität statt Uniformität. Neuheit statt Tradition. Jugend statt Erfahrung. Zwar gibt es auch ältere Influencer (Christine Kaufmann bloggte bis zu ihrem Tod), dennoch ist Influencing eine Domäne der Jungen. Sie schaffen sich damit eigene Berufe, eigene Kommunikationskanäle und eigene politische Strategien. Die Altershierarchie wird im Netz auf den Kopf gestellt. Die Jungen haben die Nase vorn, schaffen sich damit eine eigene Kultur und beeinflussen die Alten. Nicht umsonst sind die besten Influencer meist hübsche, attraktive, ja charismatische junge Leute. Jugend und Schönheit sind hier wichtiger als Titel und Erfahrung. Influencing kann man nicht von oben anordnen wie es bei Werbe-Kampagnen üblich ist, denn solche Werbung wirkt schnell gekünstelt und die Follower bleiben aus. Damit werden die jungen Influencer langsam wichtiger und mächtiger als die alten Public-Relations-Manager. Damit verbreiten sich neue Werte auch schneller, weil die Überzeugung eines einzigen Influencer genügt, um eine neue Idee viral im Netz zu verbreiten. Die Firmen geraten ins Hintertreffen, bis sie reagieren, ist der Trend längst woanders angekommen.

Die Regenbogen-Vielfalt

Noch ein wichtiger Bremsfaktor fällt weg, der bis zuletzt die Jungen im Zaum gehalten hat. Sexuelle Moral und Gender-Identität waren traditionell ein Mittel, um Energie und Originalität der Jungen zu kontrollieren. Die libidinöse Energie ist biologisch begründet eine der Haupttriebfedern menschlicher Aktivität. Der Drang, sich fortzupflanzen, ist evolutionär bedingt, ein Hauptmotivator des Menschen. Bremst man diesen Drang durch ein moralisches Korsett, dann bremst man alle von Moraltabus betroffenen Jungen und schwächt ihre Energie.

Die Evolution hat viele Spielarten libidinöser Energie erschaffen, vermutlich haben die auch alle ihre Bedeutung, so wie alle Vielfalt in der Natur. Homosexuelle Männer haben in der Regel überzufällig oft kreative Talente wie Modezeichnen, Schauspiel und Kunst in jeder Form. Durch ihre Minderheitenposition sehen sie vieles aus einem anderen Blickwinkel und stoßen dadurch überzufällig oft auf unkonventionelle Lösungen. Dies ist in gewisser Hinsicht eine Bedrohung für die Machthierarchien, denn uniformierte Massen lassen sich leichter kontrollieren als ein Flohzirkus aus lauter verschieden begabten Menschen. Wenn Homosexuelle aber ein Leben lang damit beschäftigt sind, ihre Neigung zu verheimlichen und zu leugnen, sich ständig vor Aufdeckung ihrer „perversen" Neigung fürchten müssen, dann sind sie durch Angst und Camouflage-Versteckspiel zumindest geschwächt, wenn nicht überhaupt mundtot gemacht. Das ist in Wirklichkeit der Hauptgrund, warum alle großen Religionen Homosexualität als abartig verteufeln und als kriminelle Handlung unter Strafe stellen: In manchen moslemischen Ländern werden Homosexuelle noch gesteinigt. Christliche Fundamentalisten betrachten Homosexualität immer noch als Hurerei und wider die Natur. Bis vor wenigen Jahrzehnten war sie auch in Europa noch ein Straftatbestand, Schwule und Lesben mussten ihre Neigung tunlichst verstecken. 2000 Jahre lang galt die monogame patriarchalische Ehe als gottgewollt.

Auch hier fand eine Revolution statt und Österreich stand dabei im Mittelpunkt: 26 Jahre lang, seit 1993, fand in Wien der Lifeball statt. Im ersten Jahr noch ein Minderheitenprogramm für 300 Teilnehmer, vom Wiener Bürgermeister gegen die Mehrheitsmeinung zugelassen, war es heuer ein Mega-Event mit Stars, Künstlern und Politikern aus aller Welt. Gegründet wurde der Life-Ball als Aidshilfe-Charity vom Homosexuellen Gerry Kessler. Während vor 26 Jahren Aids noch als Strafe für die unnatürliche Neigung der Schwulen galt, die Gott mit diesem Virus ausrotten wollte, so ist es seitdem erlaubt, am Life-Ball die bunte Vielfalt aller Neigungen herzuzeigen. Die Gay-Bewegung hat sich inzwischen auf 5 Gruppen erweitert, die für die 5 Farben des Regenbogens stehen:

Homosexuelle und Lesben
Transsexuelle
Intersexuelle
Bisexuelle
Transvestiten und Queers
Vor 50 Jahren posaunte noch die Mehrheit der Meinungsträger, dass durch dieses Aufbrechen der heterosexuellen Monogamie der Untergang des Abendlandes eingeläutet würde. Durch derlei Ausschweifungen würde ein Volk dekadent und dem Untergang geweiht. Wer heute im Fernsehen den Life-Ball oder die Gay-Parade sieht, freut sich über so viele gelebte Buntheit und ästhetischen Ausdruck.

Die Basis für die sexuelle Unterdrückung der Vergangenheit ist weggebrochen. Man muss nicht mehr viele Kinder zeugen, damit die Nation im Krieg genug Soldaten hat. Es gibt längst genug Menschen auf der Welt, also hilft es nur, wenn manche kinderlos bleiben. Uniformen und Normen sind längst langweilig geworden und genormte Tätigkeiten können die Maschinen längst besser als wir Menschen. Die Zukunft gehört der Kreativität und darin waren spezielle Menschen immer schon besser als der normale Durchschnitt.

NGOs

Alles begann mit Greenpeace – vor genau 50 Jahren. Ein paar junge Leute in Vancouver/Kanada wollten nicht länger zusehen, wie die Wale auf den Weltmeeren abgeschlachtet wurden. Sie machten plakative Aktionen, stellten sich mit kleinen Booten zwischen die Walfänger und deren Beute und hatten Erfolg damit. 1986 kam es zum internationalen Walfangmoratorium, das bis heute gilt, auch wenn Japan und Norwegen sich nicht daran halten.

Durch die Initiativen, die immer mehr wurden, wurden die Wale gerettet und erholten sich. Das war keine Spinnerei, denn ohne die Wale wären die maritimen Ökosysteme schon längst völlig zusammengebrochen, weil sie dort die Leittierart sind, von der ganze Ökosysteme abhängen.

Nach dem Vorbild von Greenpeace haben sich inzwischen viele NGOs gebildet, die sich für sinnvolle Ziele einsetzen: Tierschutz, Ökologie, biologische Landwirtschaft, Artenschutz, Fair Trade, Ärzte ohne Grenzen, Anti-Atom-Kraft, Klimaschutz und vieles vieles mehr.

Die mächtigen politischen, religiösen und ökonomischen Institutionen wehren sich so gut und so lange es geht gegen die Kritik der organisierten Jungen. Anfangs machen sie deren Anliegen lächerlich, wenn das nicht mehr geht, machen sie schöne Lippenbekenntnisse, denen keine Taten folgen. Dann schieben sie alles auf die lange Bank, weil es angeblich weder finanzierbar noch durchführbar ist. Am Schluss setzen sich berechtigte Zukunftsforderungen aber durch. Wenn große Firmen sich zu lange gegen eine notwendige Veränderung wehren, kommen sie wirtschaftlich ins Trudeln. Spätestens dann kippt der Trend und alle springen auf den Zukunftszug auf.

Die Kraft der Jungen ist also nicht zu unterschätzen. Wenn sie mit 15 etwas fordern, werden sie meist lächerlich gemacht. Wenn sie mit 25 mit der Neuheit beginnen, sind sie Pioniere. Meist isoliert und allein, dafür aber mit der Freiheit der Gestaltung, die ein unbekanntes Terrain bietet. Wenn sie 45 sind, hört man ihnen allmählich zu. Mit 65 sind sie dann die alten Weisen, die die Neuheit ins Land gebracht haben.

Aussteiger

Wir haben uns so daran gewöhnt an die Hektik-Tretmühle mit Burnout-Garantie, dass wir mittendrin gar keine Alternative sehen zu einem solch fremdbestimmten Leben. Doch es geht.

Viele Junge steigen einfach aus und es passiert – gar nichts.

Manche entdecken das, weil sie sowieso arbeitslos sind. Also warum nicht gleich das eigene Ding machen, wenn man in seinem Land bei 30% Jugendarbeitslosigkeit eh keine Chance hat?

Vor 20 Jahren stellte sich eine junge Frau eine kleine Holzhütte auf ihren ererbten Grund in der Einöde, wo es nichts gab außer Blumen und Vögel. In der Hütte war gerade Platz für ein Bett, einen Tisch, einen Sessel, einen alten Holzofen und einen Gaskocher. Eine Grube im Freien diente als Toilette, eine Gießkanne als Dusche, eine Regentonne als Wasserreservoir. Der nahe Bach spendete Trinkwasser, Sträucher und Bäume lieferten Essbares. Einmal im Monat pilgerte die Frau ins nächste Dorf und kaufte Reis, Mehl und Gries. Mehr als ihre Gitarre, ein paar Bücher und Notizblöcke brauchte sie nicht.

Es gibt die Frau immer noch. Sie ist glücklich und zufrieden und hat alle Zeit für sich selbst. Ein paarmal musste sie sich gegen Gebührenvorschreibungen der Gemeinde wehren, die nicht einsehen wollte, dass da eine lebte, die weder für Wasser, Strom noch für einen Kanal zahlen wollte. Doch das brauchte sie alles nicht.

Schon vor 50 Jahren gab es die erste Aussteigerwelle der Hippies. Die zogen aufs Land und errichteten alle möglichen alternativen Gemeinschaften. Sie wollten einfach ihre Freiheit haben und nicht für das System arbeiten.

Die heutigen Aussteiger sind doppelt motiviert. In der Natur gewinnt man nicht nur seine Freiheit, man rettet auch Mutter Erde, wenn man so lebt wie unsere Vorfahren. Denn all das giftige moderne Zeug braucht man in Wirklichkeit gar nicht.

Nicht alle Aussteiger sind Öko-Freaks. Es gibt so viele andere Möglichkeiten. Manche wandern durch die Welt, lernen viele Menschen und Länder kennen und brauchen wenig Geld dabei. Sie müssen keine Wohnung und kein Auto abbezahlen, keine Steuern abführen, gehen viel zu Fuß oder fahren mit dem Bus. Das Leben belohnt sie mit reichen Erlebnissen.

Andere leben von Sozialhilfe und anderen Formen staatlicher Unterstützung, werden als „Sozialschmarotzer" schief angesehen, aber das ist ihnen egal. Ihre Freiheit ist ihnen wichtiger als die soziale Anerkennung derer, die sich freiwillig zu Tode arbeiten.

Wieder andere arbeiten in Gemeinschaftsprojekten mit, sei es im eigenen Land oder in fremden Ländern. Helfende Hände werden immer gebraucht. Essen und Unterkunft für Helfer werden in der Regel zur Verfügung gestellt.

Die Alten schlagen die Hände über den Kopf zusammen: „Wenn du weiter so in den Tag hinein lebst, kriegst du nie eine Pension!" „Welche Pension? Die, für die in 30 Jahren kein Geld mehr übrig ist?"

Stellt euch vor es ist Kapitalismus und keiner geht hin. Wer pflastert dann die Straßen, gräbt die Erde auf und betoniert die Landschaft zu? Ach ja, mit alledem sollten wir ja sowieso aufhören. Da mach ich doch gleich von Anfang an nicht mit.

4 Milliarden Junge

Wir leben in einer disruptiven Umbruchszeit. Die alten Konzepte der traditionsgeleiteten Gesellschaften funktionieren nicht mehr und es gibt keine Garantie, dass die erdachten Zukunftskonzepte irgendwann einmal funktionieren und die Welt in ein neues Gleichgewicht führen werden.

Die derzeitige Krise der Welt ist durch eine explosionsartige Vermehrung von Menschen, Ideen und Technologien entstanden. Das Veränderungstempo hat sich seit 100 Jahren mit jeder Generation beschleunigt. Noch kann niemand absehen, ob sich das Disruptions-Tempo jemals wieder normalisieren und verlangsamen wird.

Eines aber ist sicher: Es gab noch nie so viele junge Menschen auf der Erde, die so viel wussten und so viele Talente hatten wie die heutige junge Generation. Bald wird es 4 Milliarden junge Menschen geben, mit unendlich großer Energie, Brain-Power und Kreativität. Mag auch das Patriarchat in den letzten 5000 Jahren die Menschen unterdrückt, beherrscht und gebremst haben – bei 4 Milliarden kräftiger junger Menschen wird das nicht mehr klappen. Es sind einfach zu viele. Und sie lassen sich vieles nicht mehr gefallen.

Der Protest der Jungen wird immer stärker werden. Und er wird die Welt verändern.

Vielleicht sogar in einer Weise, die wir uns heute noch gar nicht vorstellen können.

IV. Der Weg in die Zukunft

Die Lage der Welt ist ernst, aber noch nicht verloren. Die Jungen haben zwar viele Probleme aufzulösen, sie sind aber auch viele, voller Energie und voller Talent. Wenn die Gesellschaft sie nicht mehr bremst und die notwendigen Veränderungen zulässt, dann ist alles lösbar. Imagine there's no problems, only solutions. Dieser Satz von John Lennon gab schon vor 40 Jahren die Richtung vor und ist immer noch gültig. Es kann nicht so weitergehen wie bisher, das hält die Erde nicht aus. Vor allem halten es auch die Jungen nicht aus und es wird bald vier Milliarden von ihnen geben. So viel junge Man-Power gab es noch nie. Es sind genug Leute da, um all die Arbeit zu schaffen, die wir für die Zukunft leisten müssen.

Wir können uns vieles nicht mehr leisten, was der Erde und der Gesellschaft schadet. Wir müssen nur die Konsequenz ziehen und mit solchen Dummheiten wie Krieg, Naturzerstörung und sozialer Ausbeutung aufhören.
Stattdessen brauchen wir neue Lösungen, von denen viele erst erfunden werden müssen. Oder besser gesagt, müssen sie nacherfunden werden, denn in der Natur sind schon alle Lösungen da, die wir brauchen. Wir müssen sie nur auf die menschliche Gesellschaft übertragen. Ich glaube daran, dass unsere Jungen dies tun und auch schaffen werden, denn sie brennen auf und für eine gute Zukunft.

Das Ende des Patriarchats

Wir können uns keine Hierarchien mehr leisten. Patriarchalische Hierarchien sind eine Verschwendung von menschlichen Ressourcen, weil sie immer zu einer Reduktion der menschlichen Kreativität führen. Wenn Kontrolle vor Kreativität kommt, geht die Kreativität zugrunde. Dies ist seit der Erfindung des Brain-

Stormings bekannt. Wenn in einer ersten Entwicklungsphase Kritik verboten ist, entstehen viele neue und ungewöhnliche Ideen. Erst in einem zweiten Schritt werden die Ideen auf Nützlichkeit bewertet und sortiert. So arbeitet inzwischen unsere ganze Wirtschaft – wenn Firmen das nicht tun, haben sie bald keine Arbeit und keine Kunden mehr.

Historisch gesehen war das Patriarchat eine Fehlentwicklung, die immer schon zu Ressourcenverknappung, Armut und Elend geführt hat, weil durch Krieg, Gewalt, Raub und Zerstörung meist alle Gegner geschwächt wurden und damit das globale Bruttoweltprodukt in Kriegszeiten immer wieder sank. Das Patriarchat überlebte nur durch Raub und schob Armut und Schwächung den unterlegenen Schichten, den versklavten Tieren und der zerstörten Natur zu. Dies hat eine globale Grenze erreicht, seit die gesamte Biomasse des Planeten vom Patriarchat ausgebeutet wird. Seitdem gibt es keine neuen Länder und Arten mehr, die man neu versklaven könnte um zusätzliche Biomasse zu rauben. Damit gräbt sich das Patriarchat selbst das Wasser ab, wird entweder in sich zusammenbrechen oder sich für ein neues horizontales Netzwerk-System öffnen.

Durch Mechanisierung, Automatisierung und IT-Vernetzung werden die traditionellen Berufe überflüssig, bzw. von Maschinen und Robotern erledigt. Dies führt seit 200 Jahren zu einer Verschiebung der menschlichen Arbeit hin zu komplexeren Tätigkeiten. Waren vor 200 Jahren noch 90% der Menschheit für die Produktion der Nahrung nötig, so sind es heute in entwickelten Ländern nur mehr 5%. Arbeiteten vor 100 Jahren noch 60% der Menschen in der Industrie, so sind es heute nur mehr 10%. Arbeiten derzeit 70% der Menschen als Dienstleister und Verwalter, so werden auch diese Tätigkeiten durch Künstliche Intelligenz und

Roboter weniger werden. Was bleibt also übrig, außer weniger arbeiten?

Weniger Arbeiten ist eine gute Idee, denn Muße ist eine wichtige Voraussetzung für Kreativität. Denn in 50 Jahren werden 90% der Menschen mit Kreativität, Wissenschaft und Innovation beschäftigt sein. Dieser sogenannte quartäre Sektor der Arbeit geht nur mit vielen guten Ideen.
Die Kreativ-Wirtschaft der Zukunft ist mit autoritären Hierarchien nicht zu stemmen, das werden auch die chinesischen Kommunisten noch auf die harte Tour lernen, wenn ihnen in 50 Jahren die kreativen, freiheitsliebenden Inder im Nacken sitzen, die jetzt schon alle demokratischen Freiheiten haben.

Indien ist die letzte Hochkultur, die vom machtgierigen indogermanischen Patriarchat erobert wurde, das geschah erst vor 3500 Jahren. In Indien haben sich viele matrifokale Elemente der menschlichen Urkultur erhalten, die egalitär, gleichberechtig und friedlich war. In Kombination mit dem von den Engländern installierten Parlamentarismus haben die 1,38 Mrd. Inder die besten Voraussetzungen, um in der Kreativ-Wirtschaft der Zukunft die führende Position einzunehmen. Dabei kommt den Indern ihre lange philosophische, kulturwissenschaftliche und mathematische Tradition entgegen. Schließlich rechnen wir heute weltweit mit indischen Zahlen und auch die Null wurde dort erfunden. Auch konnten sich Kaiser und Diktatoren in diesem Subkontinent immer nur kurze Zeit halten, wurden rasch wieder gestürzt, meist gab es eine Vielfalt von konkurrierenden Ländern, Religionen und Systemen. All das ist der Kreativität immer schon förderlich gewesen.

Die soziale Zukunft der Welt liegt in flachen Netzwerken, die sich flexibel vernetzen, je nach Anliegen, Thema, Auftrag und Bedarf.

Dies ist die Art und Weise, wie sich die Jungen schon heute organisieren, in Interessengruppe, Teams und schnellen Veränderungen und Neustrukturierungen. Junge Menschen sind der Natur noch näher, sind genauso vielfältig, genauso vernetzt und genauso interdependent.

Gleichheit von Jung und Alt

Macht ist längst kontraproduktiv, da sie zu träge und langsam ist und den Innovationen hinterherhinkt. Dies lässt sich am mächtigsten Land der Erde demonstrieren:

Vor 200 Jahren waren die USA das modernste und innovativste Land der Erde. Auf Grund dessen wurden sie im 20. Jhdt. auch zum mächtigsten Land des Globus. Wir können aber derzeit zusehen, wie diese Macht zerbröselt, weil das US-System längst völlig verkrustet ist und mit Uralt-Methoden von Krieg, Überwachung, Manipulation und Fake-News arbeitet. Alle Instrumente der US-Supermacht sind nicht zukunftsfähig: Die neo-imperialistische US-Armee richtet seit Jahrzehnten nur mehr Schaden an und macht sich alle Welt zum Feind. Die korrupte US-Oligarchie der Banker und Milliardäre provoziert immer mehr Widerstand der demonstrierenden Massen in allen Ländern, die sich die Ausbeutung nicht mehr gefallen lassen. Das US-Wahlsystem aus dem 18. Jhdt. ist längst pseudo-demokratisch und spiegelt die Interessen der Bevölkerungsmehrheit nur mehr in verzerrter Form wieder, da gekaufte Stimmen, Wahlausschluss und Wahlmanipulation durch Gerrymandering nicht nur erlaubt sondern die Regel sind. Die USA sind die einzige Demokratie der Welt, in der man regelmäßig Wahlen gewinnen kann, ohne die Mehrheit der Wählerstimmen zu haben. (Sonst geht das nur in Diktaturen, aber das Ergebnis ist fast das gleiche)

Die USA halten sich noch an der Macht, weil die modernste Wirtschaft der Welt in einem seiner Bundesstaaten sitzt, nämlich in Kalifornien. Dort sind alle Zukunftsindustrien angesiedelt. Es ist kein Zufall, dass man in Kalifornien immer wieder überlegt, aus den USA auszutreten und dass Kalifornien regelmäßig andere Gesetze erlässt als die USA. Wenn die anderen 49 Bundesstaaten weiter so patriarchalisch agieren wie derzeit, wird sich Kalifornien wohl früher oder später andere Zukunfts-Verbündete suchen und spätestens dann ist es mit Amerikas Herrlichkeit vorbei.

Kaliforniens Zukunftswirtschaft ist schon jetzt von jungen Leuten geprägt. Junge Filmstars und junge IT-Genies sind die Treiber der Ökonomie. Junge Teams sind ausgezeichnet vernetzt, können aber auch ziemlich unabhängig arbeiten. Start-Ups schießen aus dem Boden, entwickeln neue Ideen und schließen sich erst dann an große Firmen an, wenn es um die Marktdurchdringung geht. Oder sie werden gleich selbst zu einer Riesenfirma mit völlig neuer Firmenidentität.

In 50 Jahren wird die ganze Welt so organisiert sein, wie es Kalifornien heute schon ist. Teamfähigkeit, Vernetzung und Kreativität werden dann entscheiden, was sich in der Wirtschaft bewährt und was nicht. Da weltweit die Jungen überwiegen, müssen Firmen auch immer schneller auf deren Bedürfnisse eingehen. Die Gerontokratie mit ersessenen Privilegien wird sich dann kein Land mehr leisten können.

Vielmehr braucht es eine Gleichheit von Jung und Alt, wobei jede Generation ihre Fähigkeiten dem Ganzen zur Verfügung stellt. Junge sind stark in der fluiden Intelligenz, sie können sich rasch auf Neues einstellen und Neues entwickeln. Alte sind stark in der kristallinen Intelligenz, die auf Erfahrung beruht und die Ganzheit der Lebenserfahrungen sinnvoll zusammenfasst. Idealerweise werden Junge und Alte sich dann wieder mehr schätzen und gleichberechtigt behandeln, weil die Alten wissen, dass ohne

Tempo und Innovation der Jungen kein Fortschritt möglich ist und weil die Jungen wissen, dass Überblick und Ganzheitsdenken der Alten verhindern, dass weiterhin extreme Einseitigkeiten die Natur gefährden und den sozialen Zusammenhalt zum Zerbrechen bringen.

Bei den Naturvölkern war dieser Respekt immer schon vorhanden. Bei Indianerstämmen gab es einen jungen und einen alten Häuptling (Kriegs- und Friedenshäuptling). Der junge Häuptling führte die Jungen in den Kampf und war für die Verteidigung zuständig. Der alte Häuptling war für die großen und langfristigen Entscheidungen in Friedenszeiten zuständig. Alle Dorfbewohner berieten sich gemeinsam in der Versammlung, niemand musste sich übergangen fühlen.

Investitionen in Bindung und Beziehung

Der Mensch ist ein Tragling und ein Gemeinschaftswesen. Seine wichtigsten Bedürfnisse sind, nach der Geburt von der Mutter getragen und, sobald er laufen kann, von der Gemeinschaft gehalten zu werden. Wir brauchen Verbindungen, Bindungen und Beziehungen, um uns sicher zu fühlen und Ängste abzubauen. Millionen Jahre lang lebten die Menschen in Gemeinschaften von bis zu 150 Menschen und hatten gemeinsam die Kraft, alle Hindernisse zu überwinden und alle Widernisse zu überstehen. Bereits vor 50.000 Jahren fuhren Menschengruppen über Meeresstraßen und über die hohe See, passten sich an extremste Klimabedingungen an. Sie schafften es, weil sie zusammenhielten.

Der Mensch kann im 1. Lebensjahr ohne Mutter nicht überleben, weil er erst mit einem Jahr laufen lernt. Getragen zu werden ist die Urbindung, die Ursicherheit und die Lebensversicherung, verbunden mit Körperwärme und Liebe. Affenjunge, die vom Baum fallen, sind sehr schnell tot, Waisenkinder ohne Mutter haben kaum Chancen auf ein gelungenes Leben. Das wissen wir, drum gibt es nichts Schlimmeres als mutterseelenallein zu sein.

Ziehen wir die Konsequenz daraus. All das Leid der Vergangenheit darf nicht umsonst gewesen sein, wir haben jetzt die materielle Basis an Wohlstand, um endlich wieder durch emotionale Bindungen glücklich zu sein. Das wünscht sich jeder Mensch und spätestens am Sterbebett sagt er es auch: Ich hätte mir mehr Zeit und Nähe zu meinen Lieben gewünscht (nicht mehr Geld oder Macht).

Macht ist die Scheinsicherheit des Patriarchats, da sie Geborgenheit nicht ersetzen kann sondern im Gegenteil jede Geborgenheit zerstört. Die mächtigsten Männer waren von paranoider Angst gequält, weil sie fürchten mussten, von allen gehasst und irgendwann getötet zu werden. Für die Paranoia des Josef Stalin mussten Millionen Unschuldiger sterben. Macht macht unglücklich, die Beherrschten sowieso, aber auch die Herrschenden. Denn oft werden sie ermordet wie Gaddafi oder begehen Selbstmord wie Hitler.

Die Mütter kennen den Weg ins Paradies des emotionalen Glücks. Lieben, Leben und Natur ist alles, was ein Geschöpf braucht. Liedloff (2017) hat es vor Jahren entdeckt: Amazonasindianer die keine Güter haben aber lange getragen werden, sind glücklicher als wir reichen Adepten der Zivilisation. Lassen wir uns von den Frauen zeigen, wie wir unsere „sanften" Seelen nähren und zum Wachsen bringen. Das macht glücklicher als jedes Millionenvermögen, jedes Märchenschloss oder die teuerste Reise um die Welt.

Bildungsvielfalt – Das Ende der Schulpflicht

Seitdem ich denken kann, diskutieren Erwachsene, was Kinder lernen sollen, ohne sie je zu fragen, was sie interessiert. Ein Geschäft, das so mit seinen Kunden umgeht, ist nach 3 Monaten pleite. Das Schulsystem hingegen schreit einfach nach neuen Steuermillionen und verbittet sich jede Kritik. Die Schulpflicht gibt es nur, weil das Schulsystem die Bedürfnisse der Kinder ignoriert und sie daher in die Schule zwingen muss. Schulpflicht statt Fridays for Future ist der Gipfel der Idiotie. Niemand erkennt, dass FfF das beste Schulprojekt seit Ewigkeiten ist: wichtig, sinnvoll, selbstbestimmt, engagiert, enthusiastisch, sozial, ökologisch, kommunikativ, friedlich, kooperativ. Da ist alles, was Kinder in einer Schule für die Zukunft lernen sollten.

Warum wird FfF dann mit der Schulpflicht totgeschlagen? Wegen der Eifersucht der Experten, die sich grün und blau ärgern, dass ihnen so etwas Großartiges nicht selber eingefallen ist. Es ist ja wirklich peinlich, wenn 16jährige mehr Durchblick haben als Akademiker und Politiker….
Weil wir Alten durch ein falsches Denken verkrüppelt wurden, sollen unsere Kinder und Enkel prophylaktisch gleich totalamputiert werden, das kann's nicht sein! Überlässt das Bildungssystem ja nicht den selbsternannten Experten, die haben ihre Ineffizienz lange genug unter Beweis gestellt!

Wenn man die Gehirnwäsche versteht, mit der das Patriarchat in unserem Kopf sitzt und uns quält durch Abwertung, Druck und vieles mehr, erkennt man sich als liebenswertes und geliebtes Wesen, man wird wieder zum entzückenden Säugling, der ein unendliches Potential nach eigenem Willen und Sinn leben darf, gesegnet von all den erfreuten Augen rundum. Wer das spürt, ist voller Energie und Liebe. Das ist das Glück, das wir ein Leben lang suchen. Plötzlich ist es da und alles andere ist nicht wichtig, weder Geld, noch Macht, noch Perfektion, noch Reichtümer.

Wir sollten die Bildungswege der alten Naturvölker reaktivieren, die das Wissen von der Natur seit Jahrtausenden pflegen und weitergeben: 13 weise Großmütter aus verschiedenen indigenen Völkern haben sich zusammengetan und teilen ihre Visionen mit der ganzen Welt! Wir müssen uns nicht über die Zukunft den Kopf zerbrechen, sondern nur auf die alte Weisheit von Mutter Erde hören, die immer da war. Höchste Zeit, dass unsere Kinder davon hören.

Wir sollten auch auf die Weisheit der Tiere hören, die schon lange vor uns da waren, z.B. auf die mit dem größten Gehirn:
Elefanten gibt es 10mal länger als Menschen und sie können sich 100mal mehr merken. Ihr Rüssel übertrifft unsere Greifhand an Geschicklichkeit, sie leben in friedlichen Frauengruppen, sie gestalten ihr Ökosystem so, dass alle davon profitieren. Sie lebten einst im Meer und eroberten das Land auf der ganzen Welt. Seit einiger Zeit maßt sich ein inhumanes Raubtier an, sie zu verachten und auszurotten, nur weil er ihre Zähne haben will, mit denen er aber überhaupt nicht Sinnvolles anfangen kann.
Wo lernen die Kinder, dass sie die Spitze der Schöpfung sind, allen anderen Tieren überlegen? In der Schule! Vorher betrachten Kinder alle Tiere als Freunde und Spielgefährten, durch die das Leben lebenswert wird. Kinder sind klüger als Erwachsene. Sie müssen zur Schule, um zurechtgestutzt zu werden für das, was sie im Leben erwartet.
Es ist eine Lüge, dass unsere Kinder in die staatliche Monopol-Schule müssen, weil es dort die beste Bildung gibt:

Ken Robinson (2019) bringt auf den Punkt, was ich seit 40 Jahren als Kinderpsychologe beobachte. Das Schulsystem schafft jede Menge Probleme für Eltern, die versuchen, die beste Förderung für ihr Kind zu erreichen, und für Kinder, die nach ihren Motivationen und Fähigkeiten lernen wollen. Die Kinder werden über einen Kamm geschert, individuelle Förderung ist meist ein leeres Schlagwort, die Sucht nach objektiven Test- und Prüfungsverfahren geht völlig am Thema vorbei, die Bewertung erfolgt zu sehr nach den Schwächen, viele Stärken der Kinder gehen unter.

Diese Probleme sind offensichtlich in den USA genauso häufig wie in Österreich. In Amerika produziert das System 20% demotivierte Schüler (in manchen Stätten wie Albany sogar 50%), die die Schule nicht abschließen und wenig berufliche Chancen haben. Dort sind profitorientierte Schulerhalter das Problem, denen Gewinn wichtiger ist als der Erfolg der Schüler, in Österreich schädigt das staatliche Schulmonopol die Kinder durch Festhalten an überholten Konzepten. Reformen bleiben meist herumdokternde Kosmetik ohne echte Veränderung, psychologische Erkenntnisse bleiben außen vor. Selbst die Schulpsychologen müssen systemkonform handeln und dürfen keine neuen Konzepte entwickeln.
Die System- statt Kindzentrierung frustriert nicht nur Eltern und Kinder, sondern auch engagierte Lehrer, die wissen was zu ändern wäre, aber nach einigen Jahren meist frustriert aufgeben.

Es ist höchste Zeit, dass sich etwas ändert. Im Wirtschaftsleben sind alle Monopolstrukturen früher oder später Bankrott gegangen. Auch das Schulmonopol des Staates gehört endlich abgeschafft, bevor ein Masseverwalter seinen Restwert gegen Null beziffert.

Was ist Bildung?

Unsere Kinder werden nicht mehr aufzuhalten sein, wenn wir sie erst aus der Bildungssklaverei der staatlichen Monopol-Schulen befreit haben, wo sie bis jetzt per Zwang auf die Wünsche des Patriarchats zurechtgestutzt werden. Nichts fürchten die Patriarchen mehr als die Freiheit der Kinder, sich ihren Talenten und Motiven entsprechend zu entwickeln. Darum verteidigen die Mächtigen das Schulmonopol mit Zähnen und Klauen, weil sie nur über die Schulen die geistige Manipulation aufrechterhalten können.

Also bitte! Ohne Schulbildung wird doch aus Kindern nichts! Liest man doch jeden Tag in der Zeitung, dass ohne Matura und Uni gar nichts geht.

Hab ich auch mal geglaubt und bin auf die Schalmaienklänge von Intelligenz und Geistesadel hereingefallen.

Bildung adelt, macht erfolgreich und garantiert ein gutes Einkommen. Als Kind habe ich darauf vertraut und brav all den geistigen Müll gelernt, den kein Mensch braucht: Altgriechisch, Latein, Integrieren, imaginäre Zahlen berechnen, Stenographie, Schlachten samt Jahreszahlen und die Wirtschaftsgeographie von 1964. Absolut nichts davon hat mir später irgendetwas genutzt.

Alles worauf ich heute stolz bin, habe ich als Autodidakt durch eigenes Denken erreicht. Selbständiges Denken war an Gym und Uni nicht erlaubt, da fiel man nur durch die Prüfung.

Also was soll das überhebliche Gefasel, dass wir eines der tollsten Bildungssysteme der Welt haben? Wenn sogar ein Musterschüler, der leicht lernt, von der Schule mehr behindert als gefördert wird, kann sich jeder ausrechnen, was ein solches System mit lernschwachen Kindern oder mit sehr speziell begabten Kindern anstellt.

Es ist falsch, dass in einem Monopolsystem wenige Erwachsene über alle Kinder bestimmen, wie und was sie lernen müssen, ohne dass diese Kinder auch nur das geringste Mitspracherecht haben. Die Kinder sind die letzte rechtlose Bevölkerungsgruppe - kein Wahlrecht, keine freie Wahl des Bildungswegs und der Lernmethode. Von oben diktierte Monopole sind im Ostblock krachend gescheitert, aber für unsere Kinder sind sie gut genug?

Kinder können ihre Lage nicht beurteilen - dieses Vorurteil ist nicht nur falsch (psychologisch und neurophysiologisch) sondern auf demselben Mist gewachsen, mit dem man vor 100 Jahren den Frauen das Wahlrecht verweigert hat, weil sie ja angeblich nicht denken konnten.

Das Gegenteil ist wahr - die demonstrierenden Schüler haben eine viel bessere Realitätseinschätzung als der Großteil der über sie entscheidenden Politiker. Wir bewegen uns auf eine Gerontokratie zu, in der die zunehmende Zahl der Alten die Wahlen entscheidet, auf Kosten der rechtlosen Jungen, deren Meinung ja egal ist, weil sie keine Wählerstimmen haben. Wer nicht wählen darf, braucht auch keine leistbare Wohnung, kein Geld, keinen fixen Job und keine Pension, wenn er alt ist. Hauptsache, Politiker, Wirtschafts- und Gewerkschaftsbosse bekommen weiter ihre Luxuspensionen und können sich davon Zweitwohnsitze leisten und den Jungen damit die Wohnungen wegnehmen.
Es ist schon eine komische Welt, in der wir leben.

Aber was rege ich mich auf, so ist halt das Patriarchat, so war es schon immer.

Wie geht Bildung?

Bildung geht ganz einfach: Indem Eltern, Großeltern oder sonstige Bezugspersonen viel Zeit mit ihren Kindern verbringen, all ihre Fragen beantworten, dabei ihre Talente erkennen und gezielt fördern, statt sie in irgendwelche "Förderprogramme" zu stecken und in etwas zu drillen, das der Begabung des Kindes nicht entspricht. Bildung wird nicht vererbt, sondern tradiert. Gebildete Eltern fördern ihre Kinder, indem sie ihnen ihre eigenen Kenntnisse vorleben. Die Geschichtsbibliothek meines Großvaters und die Geschichtsleidenschaft meiner Mutter faszinierten mich seit meinem 5. Lebensjahr, auch nach 60 Jahren will ich immer noch mehr wissen und bilde mich ständig aus Büchern fort.

Alle liebenden Mütter leiden, wenn ihre Kinder vom staatlichen Bildungsmonopol verbogen, oft sogar zerstört werden. Wenn die Mütter über die Bildung ihrer Kinder bestimmen könnten, würden die Bildungsinvestitionen ein 10mal besseres Ergebnis erzielen als derzeit. Mit einem staatlichen Müttereinkommen könnte man für jedes Muttergehalt ein Lehrergehalt einsparen und so nebenbei jede Menge soziale Missstände abschaffen. Der Bildungsnotstand ist eine direkte Folge der Mütterarmut und der Wertlosigkeit der Arbeit der Mütter, die sich in Billigjobs verdingen müssen, statt sich um die Förderung ihrer Kinder zu kümmern.

Als Kinderpsychologe und Anwalt der Kinder sehe ich seit 40 Jahren mit immer mehr Wut zu, wie eine Kindergeneration nach der anderen falsch behandelt und nicht ihren natürlichen Talenten entsprechend gefördert wird. Ich weigere mich zu verstehen, warum sogenannte Experten ihre "klugen" Theorien über die Kinder schütten, um sie nur ja nicht wahrnehmen zu müssen und sie weiter schlecht machen zu können mit ihrem Geschimpfe, dass die Kinder immer dümmer und unreifer werden. Wann werden diese verbildeten Idioten endlich aufhören, unseren wunderschönen, liebenswerten, mutigen, enthusiastischen und hoffnungsfrohen Kindern den Weg in die Zukunft zu verstellen?

Wenn Mütter ihre abgewerteten Problemkinder verteidigen, werden sie in den Schulgesprächen meist abgekanzelt, sie wären ja keine Pädagogen und überdies voreingenommen. Es wäre viel besser, wir würden auf die Mütter hören, die kennen ihre Kinder besser als jeder andere. Noch besser wäre es, alle Erwachsenen hörten auf die Kinder und nähmen ernst, was die sich wünschen. Damit meine ich nicht Unmengen an Schokoladeeis, sondern die Freiheit, die Welt aus dem inneren Antrieb heraus zu erkunden und zu erproben.

Die Zukunft der Kinder

Im Paradies der Jäger und Sammler wurden (und werden auch heute noch) die Kinder von allen Frauen der Sippe getragen und umsorgt. Die Frauen wechselten sich beim Tragen ab, sodass die Neugeborenen und Kleinkinder viele Mütter hatten, auf die sie sich verlassen konnten. Kinder wurden nie alleingelassen und daher gab es keine Psychosen und keine psychischen Krankheiten. In den letzten 5000 Jahren wurden (und werden immer noch) Mütter und Kinder unterdrückt, ausgebeutet und in vielfacher Hinsicht traumatisiert, was die epidemische Ausbreitung von psychischen Krankheiten erklärt.

Wir können nicht zurück in die Steinzeit – außer wenn uns die Militärs dorthin bomben, was niemand ausschließen kann. Wir können aber das Paradies der Müttergesellschaft in die Neuzeit transponieren. Das Prinzip: „Lasst Neugeborene und Kleinkinder nie allein, gebt ihnen viele Mütter (auch viele Väter?) gleichzeitig, dann habt ihr gesunde, stabile Erwachsene" lässt sich problemlos in die Gegenwart übertragen. Wir müssen nur Kindergärten und Krabbelstuben mit mehr Geld und Ressourcen ausstatten als es jetzt der Fall ist. Sie sollten zu Mutter-Kind-Zentren werden, die den Mittelpunkt jedes Dorfes und jeder Gemeinschaft bilden, wo alle Mütter, Frauen und Männer mithelfen dürfen, die sich gerne mit Kindern beschäftigen und Kinder lieben, am besten mit Altenwohnheimen nebenan, sodass es auch jede Menge liebende Großmütter und Großväter gibt. Alle Obsorge-Streitigkeiten Geschiedener würden hinfällig, da die Kinder sowieso in der Versorgungsgemeinschaft der Mütter verblieben.

Die Gesellschaft würde sich wieder so organisieren, wie es unserer menschlichen Soziobiologie entspricht. Auf einem imaginären Dorfplatz würden sich die Mutter-Kind-Gemeinschaften befinden, die viel Nähe, Kommunikation, Pflege und Betreuung bieten für alle, die es gerade brauchen (Kinder, Alte, Kranke, Erschöpfte). Die Aktiven und Abenteuerlustigen wären dafür völlig frei, die verschiedensten Wege zu gehen und Unternehmungen zu betreiben, auf die sie gerade Lust haben, ohne durch Betreuungspflichten an einen Ort gefesselt zu sein, so wie es bei den Jägern der Urzeit normal war. Nicht mehr die biologische, sondern die emotionale Bindung der Väter an die Kinder wäre entscheidend, wenn sie denn vorhanden ist. Wenn nicht, auch kein Problem, denn es sind ja genügend andere da, die gern betreuen und erziehen. So kann sich jeder Erwachsene sein Leben anhand seiner Nähe- oder Freiheitswünsche so gestalten wie er will, wobei dies wahrscheinlich im Laufe von 80 Lebensjahren mehrmals wechselt und ein gesundes Schwingen von Nähe und Freiheit möglich macht. Erneuert durch die Weisheit der Frauen wird in der Gesellschaft der Zukunft Beziehungsarbeit mindestens so wichtig wie Technik sein, nach dem dann neuen Motto: Ohne Liebe keine Leistung, denn lieblose Leistung ist sinnlos, ja sogar schädlich.

Soziales Lernen

Die Kinder sind unsere Zukunft. Diese Binsenweisheit hat mehr Bedeutung, als leere Floskeln bei Ansprachen suggerieren. Die Beziehung zu den Kindern ist die beste Chance, die Vergangenheit mit ihren Verletzungen zu verarbeiten und eine veränderte Zukunft zu gestalten.

Im Fühlen unserer Kinder spüren wir unser inneres Kind. Mit jedem Spiel, jedem Lachen, jeder Begeisterung verändern Eltern und Kinder gemeinsam ihr Leben. Im Jetzt mit unseren Kindern füllen sich alte Defizite auf und erfüllen sich lang ersehnte Wünsche. Wer als Kind einsam war, bekommt als Vater/Mutter so viel Nähe wie er irgend braucht. Wer als Kind unterdrückt war, wird als Mutter/Vater frei wie ein Vogel. Wer als Kind missbraucht wurde, setzt als Mutter/Vater gesunde Grenzen, die Ruhe und Sicherheit geben.

Dies ist die Weisheit der Mütter, die im Wachsen des Fötus, im Erscheinen des Neugeborenen und in der Entwicklung des Kindes immer schon die enorme Kraft des Lebens erfuhren. Dies wurde zur heiligen Kraft der Göttin aller Frauen, die auch alle Männer nährte. Auch Männer erlebten diese Kraft, solange sie mit den Frauen gemeinsam die Kinder betreuten, sie führten und ins Leben begleiteten. Männer, die Nähe zu Frauen spüren und sich sicher sind, dass sie geliebt werden, werden friedlich und gütig. Der Verlust dieser Nähe durch das kriegerische Patriarchat ist auch die Ur-Wunde des Mannes, nicht nur die der Frauen. Welches Kind tötet gerne sein Haustier oder quält gerne Lebewesen? Die meisten Kinder, auch Buben, sind Vegetarier und weigern sich tote Tiere zu essen. Viele muss man fast gewaltsam dazu zwingen, indem man ihnen einredet, dass ihr Körper tierisches Eiweiß braucht, was Unfug ist. Wären wir nicht gerne geliebte Männer und Frauen, die liebenswerte Kinder haben? Die bekommen wir vom Leben geschenkt und dürfen sie behalten, solange wir ihr Vertrauen nicht missbrauchen, sie nicht enttäuschen oder alleine lassen. Kinder in Geborgenheit sind liebenswert und ein Schatz, den wir hüten sollten.

Das Bild des Wachstums, das uns die Natur zeigt, hat dramatische Konsequenzen für die Bildung unserer Kinder. Das Schulsystem, so wie es jetzt ist, ist ein verkrustetes Relikt aus der Zeit absolutistischer Könige, die sich gehorsame Befehlsempfänger züchten wollten. Der Lehrplan, den die Kinder können und lernen müssen, um für bestimmte Berufe zugelassen zu werden, ist eine Fortführung der alten Zunftordnung, deren Hauptzweck es war, Konkurrenten von den Futterträgen fernzuhalten. Reine Wissensvermittlung ist heute schädlich, weil sie die Flexibilität des Gehirns einengt und in dem Moment, wo man ein Wissen erlernt hat, es schon wieder überholt ist. Es ist Unfug, Kindern eine Handschrift beizubringen, die sie nie im Leben verwenden werden, ein 10-Finger-System auf der Tastatur ist viel wichtiger. Wir müssen unseren Kindern nichts beibringen, sie nur motivieren, dass sie sich selbst alles beibringen, vor allem, wie man sich Informationen besorgt, die überall vorhanden sind. Statt auf ihren Schwächen herumzureiten, mit denen sich Kinder natürlich ungern beschäftigen, sollten wir sie ermuntern, ihre ganze Zeit und Energie ihren größten Interessen und Stärken zu widmen. Dann lernen sie von selbst und 10mal mehr als irgendein Lehrplan vorsieht.

Die Schule der Zukunft ist eine psychosozial-kreative Werkstatt mit vielen Experimentiergelegenheiten. Empathie, Kommunikation und Kreativität sind die Basistechniken, so wie es einmal Lesen und Schreiben waren. Die alten kognitiven Techniken wurden längst von Computern übernommen, warum sollten wir das nicht nutzen und von Anfang an darauf aufbauen, damit jedes Kind und jeder Mensch sein ganz eigenes Ding entwickeln kann, das ihn einzigartig, jedenfalls aber erfolgreich und glücklich macht?

Das organismische Fühlen des eigenen Körpers ist das Maß des Lebens. Alle abstrakten Bilder und Vorstellungen müssen im Einklang mit der eigenen Intuition sein, sonst sind sie schädlich und kontraproduktiv. Carl Rogers (2018) hat erkannt, dass eine Spaltung von kognitiven Vorstellungen und körperlichem Fühlen den Menschen krank macht. Da die Mütter so nahe am Leben sind, ist das, was sie fühlen, nicht Gefühlsduselei, sondern der Takt des Lebens. Wir Männer tun gut daran, der Intuition unserer Frauen zu vertrauen.

Lasst die Kids den Lehrplan machen

Eltern sollten sich einbringen und einfordern, was ihre Kinder brauchen. Sie können versuchen das System zu ändern. Sie können aber auch ihr Kind außerhalb des Systems unterrichten und fördern (Robinson 2018).

Wichtig ist, die Wünsche und Talente des Kindes zu kennen, dem Kind Raum zur Entfaltung zu geben, seine Stärken zu loben, es zu ermuntern und schlechten Noten in ungeliebten Fächern nicht zu viel Bedeutung einzuräumen. Wer Mathematik nicht mag, wird wohl in seinem ganzen Leben nie nach seiner Mathematiknote gefragt werden, weil er wahrscheinlich keinen Beruf wählen wird, in dem Rechnen im Zentrum steht.

Wir sollten das alte Wissen unserer Ahnen wiederbeleben (Scheiblhofer 2019). Was früher Großmütter an ihre Töchter und Enkel weitergaben, weiß heute niemand mehr. Dabei könnte gerade das alte Wissen um die einheimischen Pflanzen den Weg in eine ökologische Zukunft weisen. Kinder sind lernbegierig und gern in der Natur. Was meine Mutter mir auf Wiesen und Wanderungen über Pflanzen erklärt hat, weiß ich noch heute. Statt auf exotische Superpflanzen, über deren Herkunft wir gar nichts wissen, sollten wir auf unsere endemischen Kräuter setzen und unseren Kindern den Respekt davor beibringen. Früher hatte jeder Bauer Lärchenharz zuhause, als Wundheilung, Pflaster und gegen Erkältungen.

Wir sollten die Kinder mit ihren eigenen Methoden lernen lassen, z.B. mit Skateboards (Dittmann 2019). Niemand brachte den Kids Skateboarden bei, weil es ein Sport war, den die Erwachsenen nicht kannten. Sie brachten sich alles selber bei, probierten immer neue Bewegungen und Figuren und brachten es dabei zur Meisterschaft, so wie Titus Dittmann. Das Tolle daran: Die Freiheit, mit Körper und Board alles auszuprobieren, was einem einfiel. So entsteht

Neues, Großartiges. Und das nicht nur im Sport: auch Computer, Internet, Handy-Apps, Gaming, die Kids bringen sich alles selber bei.

Das war immer schon so. Mozart hat das Komponieren nicht in der Schule gelernt, kein Genie hat seine Fähigkeiten von den Lehrern bekommen. Ich selbst lernte in der Schule gut und gern, aber am meisten begriff ich, wenn ich mich zu Hause in Ruhe mit meinen Lieblingsthemen beschäftigte.

Die Wanderschule

Wenn wir die modernen Kindersklaven aus den Bildungsfesseln befreien, können endlich viele verschiedene Schulen entstehen, sodass für jede Begabung die richtige Lebensschule möglich wird. Eine davon geht auf eine wunderbare europäische Tradition zurück und nennt sich Wanderschule.
Wenn Handwerker erfahren werden wollten, zogen sie die Wanderschuhe an und gingen auf die Walz. Sie wanderten durch Europa und lernten bei vielen Meistern, bis sie selbst als Meister in ihre Heimat zurückkehrten.

Steffi Metz hat diese Methode neu entdeckt. Seit einem Jahr reist sie mit ihren 2 Kindern durch Afrika. Ihre 2 kleinen Söhne werden dabei zu Afrikaspezialisten ausgebildet. Sie lernen dabei die Verkehrssprachen Englisch, Suaheli und Französisch, lernen viele Völker, Gemeinden und Projekte kennen, verstehen, was Afrikaner brauchen und wie sie ticken.
In 20 Jahren, wenn sich in Afrika die Zukunft der Welt entscheidet, wird man Steffis Söhne mit ihrem Wissen dringend brauchen. Wenn bis 2040 die dann 2 Milliarden Afrikaner die richtigen Entscheidungen treffen, werden wir die Überbevölkerung, den

Klimawandel und das Artensterben in den Griff bekommen. Wenn sie unsere Fehler wiederholen, kracht alles zusammen.

Es geht also um viel, um nicht weniger als die Zukunft der Menschheit. Steffis Sohn Yves hat instinktiv gespürt, dass er in unseren Schulen nicht das lernen kann, was er braucht, um seine Lebensaufgabe zu erfüllen. Jetzt ist er auf einem guten Weg.
Djalila NasfiGälli macht ähnliches mit ihren Töchtern und reist durch Kenia und Tunesien, von einem Hilfsprojekt zum nächsten. Immer mehr Mütter, die nicht mehr zuschauen können, wie ihre wertvollen Kinder in der Monopolschule ruiniert werden, entdecken die Wanderschule, ein geniales Zukunftskonzept. Stellt euch vor, es ist antiquierte Schule für ein überholtes Patriarchat und keiner geht hin, weil alle lieber an der Zukunft bauen.
Die Zukunft braucht völlig neue Arten des Lernens. Der Lehrplan, der für eine Beamtenlaufbahn im absolutistischen Kaiserreich der Maria Theresia sinnvoll war, ist nicht einmal mehr vorsintflutlich, sondern ein Hemmnis für die Entwicklung unserer Kinder. Die Schulpflicht (die Pflicht, einen staatlich kontrollierten Lehrplan indoktriniert zu bekommen) ist der Hauptmotor für die Lüge, mit der wir alle leben: Alle Menschen werden von den Reichen manipuliert, damit sie so leben und arbeiten, wie es den Reichen nutzt.
Natürlich gibt es viele Wanderschulen durch viele mögliche Welten, die alle jetzt im Entstehen sind. Afrikareisen sind nur eine Möglichkeit. Jedes Kind, das heute geboren wird oder zu lernen beginnt, hat seine eigene Wanderreise zu seiner ganz persönlichen Aufgabe vor sich. Wir Eltern sind nur Begleiter und sollten offen dafür sein, wohin unser Kind reisen will – in neue Länder, in neue Wissensgebiete, in neue Denkmodelle. Kein derzeit lebender Erwachsener darf sich anmaßen, die Zukunft unserer Kinder kennen zu wollen – ein solcher Hochmut ist der beste Weg, die Zukunft unserer Kinder zu verbauen. Auch die Pädagogen werden aufleben,

wenn wir sie von ihren staatlichen Ketten befreien. Dann dürfen sie endlich so unterrichten, wie sie es schon immer wollten, dürfen auf die Kinder hören, auf ihre Wünsche eingehen und werden dafür geliebt und anerkannt werden.

Weil das Bildungssystem schlecht funktioniert, greifen die Schüler längst zur Selbsthilfe: Ein 17-jähriger Schüler hat mit 200 seiner Nachhilfeschüler ein handygestütztes Lernsystem entwickelt und publiziert, das aus schlechten Schülern in kurzer Zeit erfolgreiche machte (Hadrigan 2019). Die Schule braucht nicht digitalisiert zu werden, sie ist es bereits, weil jeder Schüler ein Handy hat und sich darin besser auskennt als jeder Lehrer. Das muss man nur nutzen. Instagram dient Hadrigan zur Vereinfachung des Lernstoffs, nach kurzer Zeit verschwindende Bilder auf Snapchat zum Abprüfen, Whatsapp ist die administrative Basis, auf der man sich über den Lernstoff austauscht. Die Schüler lernen begeistert und gehirngerecht, tauschen sich auf Whatsapp aus, lernen viel schneller als mit den veralteten Methoden. Das System ist effizient und kostensparend. Es beweist, was ich seit Jahrzehnten sage: Lasst die Kids selbst gestalten, was und wie sie lernen, dann haben wir kein Bildungsproblem mehr.

Die Fähigkeiten der Autodidakten

Alle großen Entdeckungen wurden von Pionieren gemacht, die meist Autodidakten waren. Das ist ganz logisch. Wenn jemand Neuland betritt, kann er in keine Fußstapfen steigen, denn vor ihm war ja noch keiner dort. So schrieb Einstein die beste Physiktheorie aller Zeiten nicht als Professor an einer Uni, sondern in den Jahren, als er einsam und allein in einem Schweizer Patentamt saß. Gregor Mendel entdeckte die Genetik in einem Klostergarten, für den er allein verantwortlich war. Charles Darwin entdeckte die Evolutionstheorie auf einer Schiffsreise rund um die Welt.

Wer in der Schule ständig veraltetes Wissen wiederkauen muss, wie soll der etwas Neues entdecken? Noch dazu, wo seine Lehrer nicht verstehen was er meint? Hochintelligente Kinder scheitern oft in der Schule, weil sie sich maßlos langweilen und daran gehindert werden, ihr Ding zu machen. Andre Heller verweigerte Gymnasium und Matura, weil er immer schon mit der Entwicklung seiner Gesamtkunst beschäftigt war. Heute ist er ein anerkanntes Vorbild für viele Kreative.

Es ist bezeichnend, dass extreme Begabung in unserer Gesellschaft als Krankheit angesehen wird. Die Asperger-Autisten sind in der Regel von einer Sache so eingenommen, dass sie für alles andere keine Zeit haben. Da sie in ihrem Feld mehr wissen als alle anderen, ist ihnen soziale Anpassung und Small Talk meist zuwider. Sie sind nicht normal, hat Hans Asperger vor 70 Jahren festgestellt. Ja wie denn auch, dann wären sie ja normaler Durchschnitt und zu gar keiner besonderen Leistung fähig.

Asperger nahm sich selbst als Maßstab für Normalität. Er war Arzt und Nationalsozialist, glaubte deshalb vor allem an gute und schlechte Gene. Die guten führten zum Übermenschen, die schlechten gehörten ausgemerzt. In einer Welt, in der diese Sicht der Dinge als normal gilt, ziehen es viele Hochbegabte wohl vor, nicht normal zu sein.

Globale Vernetzung

Die Natur ist ein Netzwerk, seit es die Erde gibt. Alles auf unserem Planeten ist miteinander vernetzt und beeinflusst sich gegenseitig. Alle Tiere und Pflanzen entwickeln sich, indem sie sich gegenseitig herausfordern, unterstützen, nähren. Alles funktioniert in Kreisen und Kreisläufen.

Als die Jäger den Speer erfanden, wurden sie auf die lineare Bewegung fixiert. Der Speer wird vom Arm geschleudert und trifft ein Ziel. Seitdem erscheint uns das lineare Denken dem zirkulären überlegen zu sein. Auf allen Coaching-Seminaren werden wir auf schnelle Zielerreichung programmiert. Der Mensch glaubt inzwischen, dass er selbst ein Speer ist und verhält sich entsprechend, ob er nun im Auto, im Flugzeug oder in einer Rakete sitzt.

Dabei verdrängen wir, dass der Bogen, den ein Speer bis ins Ziel beschreibt, nur die Hälfte eines Kreises ist. Die andere Hälfte besteht aus dem Zerlegen der Beute, Braten, Essen, Ausscheiden, Düngen, neuem Pflanzenwachstum und Äsen der Tiere.
Gesellschaften sind Netzwerke, seit es Menschenclans gibt. Jedes Dorf, jeder Verein, jeder Staat – sie alle funktionieren in Kreisläufen.

Vor 50 Jahren war die Rakete der Inbegriff des Fortschritts, weil wir damit auf dem Mond landen konnten.
Heute ist es das elektronische Netz, das wir rund um die Erde gespannt haben. Es verbindet uns alle und revolutioniert unser Leben. Das ist ein gutes Omen. Wenn wir global im Netz verbunden sind und vernetzt handeln, lernen wir vielleicht auch, das Netzwerk der Natur zu verstehen und richtig zu behandeln.
Wer heute noch Raketen baut, lebt hinter dem Mond.

Die Kraft der Jungen

Üblicherweise schimpfen die Alten und Etablierten auf die Jungen: die seien frech, ungebildet, faul, unpolitisch, unerfahren, egoistisch und vieles mehr. Dieses Schimpfen auf „die heutige Jugend" a la „früher hätte es das nicht gegeben" gibt es seit 100 Generationen, es findet sich in allen schriftlichen Aufzeichnungen, seit es Schriften gibt. Dies ist eine seltsame negative Wahrnehmungsverzerrung, die vor allem dem Machterhalt der Alten und Mächtigen dient. Klar, den unfähigen Jungen kann man natürlich keine Verantwortung übergeben, die müssen erst zurechtgestutzt und zivilisiert werden.

Das Gegenteil ist wahr, dass zeigen die Wirtschaftsdaten, seit solche statistisch erfasst werden. Seit 200 Jahren bauen die Jungen mit ihrer Energie und ihrer Arbeitskraft alle fortschrittlichen Gesellschaften auf. Die Alten ernten nur einen Großteil des Erfolgs und schreiben ihn sich auf ihre Fahnen. Jeder Wissenschaftler, jeder Arzt, jeder Techniker kennt das: alle Ideen und Neuerungen werden von oben blockiert, bis sie ein gewinnbringendes Ergebnis versprechen – dann heften sich die Chefs die Neuerung auf ihre Fahnen, als wären sie die glorreichen Erfinder. Der Frust der jungen Wissenschaftler und Innovatoren staut sich über Jahre auf und ist so groß, dass dadurch die Gehässigkeit genährt wird, mit der man bei Diskussionen die Theorien und Modelle der Konkurrenten überschüttet. Viele Forscher geben entnervt auf, weil sie in dieser Wadlbeißerei sowieso keine Chance auf einen gut bezahlten Lehrstuhl haben.

Dies ist eine völlig unnötige Energieverschwendung, durch die viel Kreativität im Labyrinth der Institutionen versickert. Sie wird durch die falsche Prämisse begründet, dass es die Jungen halt einfach nicht drauf hätten und dass diese ohne die Erfahrung der Alten auch nichts schaffen würden.

Diese Prämisse ist grundlegend falsch. Die meisten Nobelpreisträger wurden für etwas ausgezeichnet, das sie in jungen Jahren entwickelt haben. Erfolgreiche Unternehmer schaffen die Gründung ihres Projekts meist in jungen Jahren, wo sie noch genug Energie haben, um die Durststrecke des Anfangs zu überwinden. Seit die Start-ups der Jungen genug Startkapital bekommen, boomt die Wirtschaft und explodieren die Innovationen.

Dies schlägt sich im Bruttonationalprodukt nieder: Seit 200 Jahren wachsen jene Volkswirtschaften am stärksten, in denen die Jungen die Mehrheit der Bevölkerung sind. Wirtschaftliche Vormachtstellung korreliert mit der Phase des starken Bevölkerungswachstums, das alle Länder seit 1750 durchlaufen:

Von 1750 bis 1850 wuchs die Bevölkerung in Großbritannien am stärksten, 50% der Briten waren unter 25 Jahren. Mit dieser Power der Jungen wurde das Britische Weltreich errichtet, militärisch und ökonomisch.

Von 1850 bis 1950 wuchs die Bevölkerung in Deutschland, Russland, den USA und Japan am stärksten. Russland und die USA wurden zu militärischen, Deutschland und Japan zu ökonomischen Supermächten.

Von 1950 bis heute wuchs die Bevölkerung von China und Indien am stärksten. China ist die kommende Supermacht, Indien wird in 50 Jahren zum Konkurrenten Chinas aufsteigen.

Wirtschaftliche, innovative und politische Power ging in all diesen Ländern mit einer Bevölkerungsmehrheit von Jungen einher. Das plötzliche Anwachsen von junger Man-Power führte jeweils zum politischen und ökonomischen Aufstieg.

Mit dem Rückgang der Geburtenraten entstand in all diesen Ländern eine Mehrheit von Alten. Damit ging unweigerlich auch die Macht des Landes zurück.

Zwischen 1850 und 1950 stieg England kontinuierlich ab, weil es immer weniger junge Soldaten und Arbeiter hatte. Heute ist es in der Bedeutungslosigkeit verschwunden und zerstört seine letzten Reserven im Brexit.

Die USA haben ihren Zenit längst überschritten und werden bald Russland, Japan und Deutschland auf dem Weg in den Abstieg nachfolgen. In all diesen Ländern steht die Alterspyramide längst Kopf, in Russland und Japan geht die Bevölkerung zurück, weil es keine Jungen mehr gibt, Deutschland und die USA können den

Abstiegsprozess noch durch Einwanderung von jungen Ausländern verlangsamen.

China droht in wenigen Jahrzehnten ein japanisches Schicksal mit immer mehr Alten und mit Rückgang der Bevölkerung. China wird dann zwar die größte Supermacht sein, aber von Indien eingeholt werden, weil Indien die jüngere Bevölkerung hat.

In Afrika hat die Bevölkerungsexplosion erst in den letzten Jahrzehnten begonnen. In 50 Jahren werden die 2,5 Milliarden Afrikaner zu 50% aus Jungen bestehen und dann die größte Man-Power haben. Deswegen ist Afrika der Kontinent der Zukunft, auch wenn das heute noch keiner glauben will.

Stoppt die Vergeudung von Man-Power!

Die ökonomische Dividende der Bevölkerungsexplosion sollte zur Kenntnis genommen und intelligenter genutzt werden, denn sie währt nicht ewig. Der Trend zu einem Ende des Bevölkerungswachstums ist in allen Ländern gleich, er kommt nur in den alten Volkswirtschaften früher, in den jungen entsprechend später.

Solange man das nicht wusste, glaubte man, Leben und Energie der Jungen unbegrenzt verschwenden zu können. So verheizten die Mächte des 20. Jhdt. ihre Jungen in sinnlosen Kriegen und verkürzten damit die Zeit ihrer Vormachtstellung. England gewann zwar noch die Weltkriege, beschleunigte aber eben dadurch seinen Abstieg. Die USA begehen seit 2001 denselben Fehler: Je mehr Kriege und Kleinkriege sie führen, desto schneller verlieren sie ihre Führungsposition. Man wird sehen, ob die Chinesen in 50 Jahren klüger sein werden.

Wir können uns eine solche Verschwendung menschlicher Kraft nicht mehr leisten, dazu sind die Herausforderungen des 21. Jhdt. zu groß. Armut, Umweltzerstörung, Klimawandel, Artenvernichtung, Wasserverknappung – all diese Probleme brauchen eine Lösung und wir brauchen 100% unserer Man-Power, um alle Lösungen gleichzeitig zu schaffen.

Es ist daher nicht nur dumm, sondern völlig unverantwortlich, wenn die Kraft der bald vier Milliarden jungen Menschen in alter Patriarchen-Manier gebremst und ausgebeutet wird, damit wenige alte Milliardäre weiterhin 90% des Gewinns absahnen und sinnlos verschwenden können. Das würde die menschliche Zivilisation nicht überleben. Der Natur hingegen kann es nur Recht sein, sie könnte sich dann endlich von uns Menschen erholen.

Die Jungen müssen in ihrem Engagement für sinnvolle Ziele unterstützt statt blockiert werden, dann werden sie auch genug Lösungen entdecken, um die Welt in ein neues Gleichgewichts-Zeitalter hinüberzuretten. Schon jetzt ist absehbar, dass nicht nur alle natürlichen Ressourcen begrenzt sind, sondern sich auch die Man-Power der Jungen ihrem Zenit nähert und langfristig zurückgehen wird. In 50 Jahren wird die Weltbevölkerung so strukturiert sein, wie es Europa heute schon ist: Wenige Junge müssen dann viele Alte erhalten. Spätestens dann ist ein ökonomischer Krafteinsatz nötig, wie er in allen Ökosystemen für den Erhalt des Lebens sorgt: Nichts wird verschwendet, alles wird wiederverwendet, überflüssiger Krafteinsatz verschwindet sehr schnell durch evolutionäre Auslese.

In der Natur gibt es keine Hierarchien, sondern nur Netzwerke, die langfristig kooperieren. Selbst die stärksten Tiere können die Schwächeren nicht beherrschen, sondern nur deren Überschuss abweiden. Löwen geht es nur gut, wenn es den Huftieren gut geht. Sterben die Huftiere, sterben auch die Löwen.

Die New Economy funktioniert längst nach dem Vernetzungsprinzip und kopiert damit die ökologischen Kreisläufe der Natur. Kleine innovative Teams vernetzen sich und kooperieren in flachen Hierarchien. Masseeffekte ergeben sich dabei aus der Schwarm-Intelligenz aller beteiligten Teams. Wenn viele Forscher und Interessengruppen in die gleiche Richtung schwimmen, entsteht eine große Veränderung. Für die notwendigen Lösungen ist das hierarchische Führungsprinzip von oben nach unten zu langsam und zu schwerfällig. Das Tempo der Veränderung ist so groß geworden, dass selbst Marktführer wie Nokia, Erikson, Blackberry, Motorola in kürzester Zeit in der Versenkung verschwinden, sobald die Ideen der Jungen durch Hierarchien gebremst werden. Die derzeitigen Marktführer sind darauf angewiesen, dass sie junge Teams integrieren und fördern oder neue Start-ups aufkaufen.

Wälder statt Pyramiden

Das Patriarchat begann vor 5000 Jahren mit dem Pyramidenbau. Die ägyptischen Pyramiden sind bis heute das sichtbare Zeichen hierarchisch strukturierter Macht. Alle Patriarchen haben sich in der Antike ihre Pyramiden gebaut, später erfüllten Kolosseen, Kathedralen und Hochhäuser die gleiche Funktion. Die Machtpyramiden in Militär, Kirche und Unternehmen setzten das Versteinerungs-Prinzip auf die soziale Ebene um, seitdem strebt jeder nach oben und wird doch von oben unterdrückt. Diese innere Reibung stabilisiert zwar die Gesellschaft, führt aber sehr schnell zur Versteinerung der sozialen Prozesse und damit letzten Endes zum Zusammenbruch, sobald sich die ersten Sprünge im Gebälk zeigen.

In den letzten 5000 Jahren gab es einen ständigen Aufstieg und Niedergang von Patriarchaten. Alle Mächte kamen und gingen wieder. In der ersten Phase einer Macht wurde alle Kraft in den

Aufstieg gesteckt, nach einer kurzen Gipfelphase verbrauchte die Gesellschaft alle Kraft im Kampf gegen den Abstieg. Meist blieben nur Ruinen vergangener Größe übrig.

Dieses patriarchalische Gesellschaftssystem ist in höchstem Maße unökonomisch. Es verbraucht zu viele Umweltressourcen und auch alle menschlichen Energien – für nichts und wieder nichts, denn am Ende bleibt nichts übrig. Würde die Natur so arbeiten, gäbe es längst keine Natur mehr.

Die Pflanzen haben diesen Prozess schon hinter sich und haben die einzig richtige Antwort gefunden: Das ökologische Kreislaufsystem.

Vor 300 Millionen Jahren waren die Bäume die mächtigsten Lebewesen der Erde und wuchsen in den Himmel. Sie verbrauchten so viel CO_2, dass der Sauerstoffgehalt der Luft auf 30% stieg und immer mehr Baumleichen im Morast versanken, woraus die Steinkohleflöze entstanden, die den Aufstieg der Moderne befeuerten. Irgendwann war das CO_2 verbraucht und zu viel Kohlenstoff in der Erde abgelagert. Wüsten breiteten sich aus, das Zeitalter der Bäume war vorbei, im größten Artensterben der Erdgeschichte am Ende des Perm starben 90% der Lebewesen ab.

Beim Neustart im Trias wuchsen die Bäume wieder, verhielten sich aber intelligenter. Sie kooperierten miteinander und mit allen sie besiedelnden Lebewesen. Dabei kam das hochkomplexe System des Dschungels heraus, das wenig Kohlenstoff braucht, indem es diesen immer wieder in neuen Kreisläufen nutzt. Das CO_2 in der Luft bleibt gleich, im Boden landet kein Kohlenstoff mehr, weil absterbendes Material sofort von den jungen Pflanzen wiederverwertet wird. Jeder Baumriese ist nur so mächtig, wie alle ihn besiedelnden Lebewesen dies zulassen. Der Dschungel kracht nicht mehr zusammen sondern erneuert sich ständig, indem neue

Bäume nachwachsen, wo alte sterben. Dieses stabile System funktioniert seit 200 Millionen Jahren und trotzt allen Widernissen, allen Kometen, Supervulkanen, Tsunamis und sonstigen Katastrophen.

Seit 200 Jahren geht die Menschheit den umgekehrten Weg, indem sie alles verheizt, was die Bäume im Boden abgelagert haben. Sobald aber alle Kohle zu CO_2 verheizt ist, wird die Menschheit zusammenbrechen, das wissen wir. Bäume können nicht mehr in den Himmel wachsen, Zivilisationen auch nicht.

Wir kennen aber bereits die Lösung, denn die Bäume haben sie vor uns entdeckt. Gesellschaften können überleben und stabil werden, wenn sie so funktionieren wie die Dschungel. Nicht in Hierarchien, sondern in Kreislaufnetzwerken, die nichts verschwenden sondern dieselben Ressourcen Millionen Jahre lang wiederverwerten.

Dschungel abzufackeln ist so ziemlich das Dümmste, was Menschen tun können.

Lasst viele neue Projekte entstehen

Die Zukunft der Menschheit liegt in Afrika, nicht nur unsere Vergangenheit. Die bald 2,5 Milliarden Afrikaner werden so viel junge Power haben, dass auf ihrem Kontinent wohl die entscheidenden Erfindungen der Zukunft gemacht werden. Dabei hilft es, dass die Afrikaner in leidvollen Erfahrungen die Fehler und Auswüchse der Europäer kennengelernt haben und hoffentlich nicht alle Fehlentwicklungen des Westens wiederholen werden. Hier gibt es noch Dschungel und unvergiftete Natur, die reichhaltigste Tierwelt und Menschen, die für alles offen sind, was die Zukunft bringt. Die jungen Afrikaner können alte Technologien einfach überspringen (Beispiel Handy) und müssen nicht erst alte Geleise verlassen, sondern können gleich neue bauen.

Steffi Metz reist mit ihren 2 Söhnen durch Afrika, von Südafrika, über Namibia, Botswana, Zimbabwe, Tansania bis Ruanda. Überall wohnen sie bei Gemeinschaftsarbeitern und helfen bei Projekten mit, die das Leben der Afrikaner verbessern sollen. Steffi, Yves und Mo bringen ihre Ideen ein, entwickeln Spielzeug für Kinder, Bildungspuzzles und Kinderhäuser. Sie lernen so viele Leute kennen wie nie zuvor, sind überall willkommen und machen unvergessliche Erlebnisse in wunderschönen Landschaften. Steffi will viele animieren, es ihr nachzumachen und diesen wunderbaren Kontinent kennenlernen. Das geht auch mit wenig Geld, man braucht keine Hotels sondern nur ein offenes Herz und Vertrauen in das Leben. Alles andere ergibt sich von selbst.

Lisa Golda macht in Tunesien das, was Österreichs Jugendwohlfahrt schon lange bräuchte, aber unseren Kindern aus ideologischer Verblendung verweigert: Junge, alleinstehende, Mütter mit ihren Säuglingen und Kleinkindern werden unterstützt. Zentren, wo ab der Geburt das Mutter-Kind-Band gefestigt wird, statt es gewaltsam zu durchschneiden, sind die einzige Hilfe, die durch Traumata verstörte Kinder beruhigt und gesund macht. In Österreich baut der Staat statt Mütterzentren immer noch Heime und TWGs, wo man die Kinder von den Müttern trennt. Dann wundern sich alle, dass wir immer mehr schwierige Kinder haben.
In aller Welt wachsen soziale und ökologische Gemeinschaften aus dem Boden wie die Pilze nach einem warmen Regen. Sie brauchen kein hochwissenschaftliches Expertenwissen, sondern den liebevollen Umgang und das Engagement vieler herzlicher Menschen.
Beziehung heilt, Einsamkeit macht krank. Viele gute Beziehungen machen jeden gesund.

Wahlrecht für Junge

Die Geschichte der Demokratie ist eine Geschichte des Wahlrechts. Das lässt sich gut an der Entstehung der englischen Demokratie ablesen. Bis 1215 nZ gab es die nämlich in keiner Weise. Der König konnte schalten und walten wie er wollte, seine Untertanen ausbeuten und jederzeit hinrichten lassen. Um dieser Willkür zu entkommen, flüchteten viele Engländer in die Wälder. So entstand in dieser Zeit die Geschichte von Robin Hood.

1215 rangen die Barone dem König Johann Ohneland in der Magna Charta die Habeas-corpus-Akte ab. Darin musste der König versprechen, die Barone nicht jederzeit nach Belieben zu enteignen oder köpfen zu lassen (Dieser Machtverzicht wurde nur möglich, weil Johann I. gerade in einem desaströsen Krieg halb Frankreich an die Franzosen verloren hatte).

Unter Elisabeth I. wurden die religiösen Rechte festgelegt, man musste nicht mehr damit rechnen, bei Ketzerei gleich auf dem Scheiterhaufen zu landen.

1688 erhielt Wilhelm von Oranien den englischen Thron, indem er gleichzeitig dem Parlament diverse Mitspracherechte gewährte. Das war die Geburtsstunde der konstitutionellen Monarchie, die bis heute besteht.

Das Parlament wählen durften anfangs aber nur die Reichen und Vermögenden. Den Armen sprach man die Fähigkeit ab, politische Entscheidungen zu treffen. Erst Ende des 19. Jhdt. waren alle Männer wahlberechtigt, erst 1918 auch alle Frauen. Ein allgemeines Wahlrecht, wie wir es kennen, gibt es also erst seit 100 Jahren.

So wie man bis zum ersten Weltkrieg die Frauen für zu dumm für die Politik hielt, so galten weiterhin die Jungen als zu unreif, um in der Politik mitzureden. Wahlrecht gab es erst ab dem 21.

Lebensjahr, in Österreich wurde das Wahlalter zunächst auf das 18. Lebensjahr, dann auf das 16. gesenkt.

Warum sollen Kinder nicht fähig sein, ihre Lage zu beurteilen und zu wissen, was ihnen gut tut und was nicht? In Wirklichkeit liegt die Intuition der Kinder meist viel näher an der Realität als die von Vorurteilen geprägte Weltsicht der Erwachsenen. Kinder haben ein feines Gespür für Gerechtigkeit und stellen deshalb oft unangenehme Fragen: Warum gibt es Armut? Warum werden Tiere geschlachtet? Warum werden Wiesen zubetoniert? Die Erwachsenen kommen dann meist in Erklärungsnotstand und stammeln dann unbestimmte Phrasen wie: „Das verstehst du noch nicht". Insgeheim spüren sie genau, dass die Kinder Recht haben und zu Recht eine Korrektur der verzerrten Wirklichkeit verlangen.

Die angebliche Unmündigkeit der Kinder ist in Wirklichkeit derselbe Entmündigungstrick, mit dem man jahrtausendelang die Frauen entmündigt hat. Bei diesem Trick geht es immer nur darum, die Privilegien der Wahlberechtigten zu verteidigen. Waren dies bis vor 100 Jahren die Privilegien der Männer, so sind es jetzt die Privilegien der Erwachsenen. Auf Kinder Rücksicht nehmen muss man nicht, oder nur dann, wenn man gerade Lust darauf hat. Meist überwiegt die Unlust. Es gibt zwar inzwischen eine internationale Charta der Kinderrechte, aber die ist den „wichtigen" Erwachsenen meist sowas von egal, dass Kinder bestenfalls in plakativen Parteitagsreden vorkommen – am besten aber nur auf Fotos, wenn gerade ein Kindchen-Schema für die Propaganda gebraucht wird.

Es ist aus meiner Sicht, aber auch aus der Sicht der Kinder, der Jugendlichen und vieler Eltern ein eklatanter Missstand, dass in allen Demokratien dieser Welt, die sich immer noch für den fortschrittlichen Nabel der Welt halten, 18% der Bevölkerung ohne jede Rechte sind. Das Volk ist der Souverän der Nation, aber die

135

20% der Schwächsten zählen nicht dazu. Ein Schelm der denkt, dass Kinderprostitution, Kindesmissbrauch und Kindersklaverei irgendetwas mit dieser Ohnmacht zu tun haben.

Gäbe es ein wirklich allgemeines Wahlrecht für 100% der Bevölkerung, würde sich sehr schnell sehr vieles ändern. Die Tierschutzgesetze würden drastisch verschärft, Tiertransporte, Tierversuche und Käfighaltung strengstens verboten, die seelenlose Fleischproduktion abgeschafft. 99% der Kinder würden für ihre Freunde, die Tiere, eintreten und ihre 18% der Stimmen würden alle diesbezüglichen Abstimmungen entscheiden. Ebenso würden alle bestehenden Schulgesetze sofort im Müllhaufen der Geschichte landen und endlich Schulen entstehen, die im Sinne der Kinder gestaltet sind. Wenn heute demonstrierende Jugendliche die fossile Industrie vor sich hertreiben und die Altparteien alt aussehen lassen, kann man sich die Bewegung vorstellen, die entstehen würde, wenn 100% der Kinder ein Wahlrecht hätten.

Die Entmündigung der Kinder widerspricht in eklatanter Weise dem Gleichheitsgrundsatz unserer Verfassung und wird eher früher als später fallen, wenn erst die diesbezüglichen Klagen beim Obersten Gerichtshof eintrudeln. Zugegeben, Kinder können nicht klagen, aber bald werden es aufgeschlossene Eltern tun, die nicht mehr zusehen wollen, wie ihre Kinder von der Gesellschaft falsch behandelt werden.

Aber wie soll das gehen? Sollen Babys in der Wahlkabine ihren Händeabdruck hinterlassen und Kleinkinder 3 Kreuze machen?

Hoppala, erwischt! In der Wahlkabine muss man ja nur ein Kreuz machen, was soll daran so schwer sein?

Aber Kleinkinder können noch nicht Lesen, was sie da ankreuzen? Nun dann muss eben ein Elternteil oder ein neutraler Prozessbeobachter mit in die Wahlkabine gehen und den Kindern vorlesen, was sie da wählen können.

Aber die Kinder werden doch von ihren Eltern beeinflusst? Mag sein, aber besser von den Eltern beeinflusst als von der Parteipropaganda oder irgendwelchen Skandalen. Wenn Wahlbeeinflussung ein Hinderungsgrund wäre, dürfte man überhaupt keine Wahlen abhalten, denn die Parteien erhalten Millionen an Parteienförderung, um die Wähler möglichst effizient beeinflussen zu können.

Es ist vieles denkbar: Die Stimmen der unter Achtjährigen könnten von ihren Eltern ausgeübt werden, Achtjährige, die lesen können, könnten durchaus alleine in die Wahlkabine gehen, nachdem sie vorher mit ihren Eltern die verschiedenen Optionen diskutiert haben. Alle juristischen Fragen lassen sich juristisch und gesetzlich lösen. Was aber derzeit verfassungswidrig ist – dass nämlich die Rechte von 18% der österreichischen Bevölkerung in der Demokratie nicht vertreten sind – gehört dringend abgeschafft. Dann erst wird der Missstand enden, dass wenige Erwachsene per selbsternannter Expertenmeinung entscheiden, was mit unseren Kindern geschieht – dass sie in der Regel schlecht entscheiden und nicht im Sinne der Kinder, haben sie hinreichend bewiesen.

Natur und Tierrechte

Mit dem Kinderwahlrecht würde es automatisch zu einer Diskussion über Tierrechte kommen. Denn Kinder lieben Tiere und wollen nicht, dass sie getötet werden, meist wollen sie sie auch nicht essen. Wenn man ihnen predigt „Quäle nie ein Tier zum Scherz..." und sie schimpft, wenn sie einem Käfer ein Bein ausreißen, werden sie fragen: „Aber warum darf man dann Tiere in den Schlachthäusern quälen, warum werden Kühe angebunden und Esel gepeitscht?"
Mit 7 Jahren wohnte ich in den Ferien bei meiner Tante und hörte ein Schwein jämmerlich quieken, das von 2 starken Kerlen ins

Schlachthaus gezogen wurde. Ich blickte aus dem Fenster und sah, wie sich das Tier verzweifelt gegen das Seil stemmte, an dem einer der Metzger wütend zog, während der andere von hinten schob. Die Todesangst des Schweins war so entsetzlich, dass mir heute noch ein kalter Schauer über den Rücken läuft, wenn ich daran denke.

Sobald Kinder abstimmen dürfen, werden sehr schnell Gesetzesvorlagen für Tierrechte eingebracht und mit den Stimmen der Kinder auch beschlossen werden. Als 7-jähiger hätte ich nach meiner grauslichen Erfahrung ganz klar für das Leben des armen Schweines und aller Schweine überhaupt gestimmt.

Da haben Schweinebauern und Fleischindustrie natürlich was dagegen, denn wovon sollen die dann leben? Klar sind die froh, dass Kinder nicht gegen sie stimmen dürfen. Aber so ist das nun mal in einer Demokratie, es gibt verschiedene Interessen und die müssen im Parlament ausdiskutiert werden. Wer sagt, dass von vornherein der Gewinn einer Fleischfabrik wichtiger ist als das Leid von tausenden Kindern, denen das Herz blutet so wie mir? Und wer sagt, dass von vornherein der Gewinn von ein paar Fleischmagnaten wichtiger ist als das unsägliche Leid, dass man Millionen Nutztieren in den Tierkäfigen antut? Wer sagt, dass von vornherein ungezügelter Fleischkonsum um jeden Preis wichtiger ist als die damit einhergehende Verrohung unserer Gesellschaft?

Kinder lieben nicht nur Tiere, sondern auch Blumen, Wiesen und Wälder. Wenn also über die Rechte der Natur abgestimmt würde, wäre ganz klar, wie 90% der Kinder abstimmen würden – nämlich für die Natur. Die derzeitige maßlose und verrückte Umweltzerstörung konnte nur durchgesetzt werden, weil man die Kinder von vornherein entrechtet hat, um ihnen mit der Zeit ihre Liebe zur Natur austreiben zu können. Man hat in vielen Ländern auch die Campesinos, die Indigenen und die Armen entrechtet, sonst würde das Schlachten der Wälder nicht so ungehemmt weiter gehen. Das natürliche Empfinden der Kinder dieser Welt wäre ein großer Faktor bei der Wiederherstellung der Rechte der Tiere, der Natur und der Naturvölker. Wenn erst die Kinder auf die Barrikaden gehen, folgen ihnen meist auch die Eltern. Und dann würde bald nicht mehr die Tierschützer nach dem Mafia-Paragraphen eingesperrt, wie es derzeit schlechter Brauch ist, sondern die Tierquäler landeten im Gefängnis.

Klar müssen wir alle einmal sterben und Tiere werden von Beutegreifern getötet. Aber jeder Jäger mit Moral geht auf die Barrikaden, wenn sein Wild nicht waidgerecht getötet wird und unnötig leiden muss. Jeder Indigene bittet seine Beute um Vergebung, dass er sie töten musste, um selbst leben zu können und bedankt sich bei dem Tier, dass es seinen Körper für das Überleben der Menschen hergibt. In traditionellen Gesellschaften begegnen sich Jäger und Beute mit Respekt und die Tier-Populationen bleiben im Gleichgewicht.

Seit 50 Jahren hat die Menschheit jeden Respekt vor der Natur verloren. Das kann nicht so weitergehen. Die Kinder spüren das viel deutlicher als die meisten Erwachsenen. Tierschützer werden als Spinner und Extremisten abgetan. Das wird so weitergehen, solange die wichtigste Tierschutzgruppe der Gesellschaft, nämlich die junge Generation, nichts zu sagen hat.

Stabiles Weltklima

Wir haben uns so an die Weltuntergangsszenarien gewöhnt, die der „Club of Rome" und andere Apokalyptiker seit 40 Jahren hinausposaunen, dass wir abgestumpft sind und denken, es würde wohl auch diesmal alles nicht so heiß gegessen wie beim Waldsterben und bei der Ölverknappung. Beides hat sich ja dem Club of Rome zum Trotz als völlig falsch herausgestellt. Wer weiß, vielleicht ist die Erderwärmung gar nicht so schlimm, es war ja in vielen Erdepochen heißer als heute, warum also sich nach fragwürdigen Prognosen richten? Vielleicht wird Greta Thunberg ja nur von den Klimapessimisten gepuscht, aus wieder mal fragwürdigen Gründen. Prognosen haben es nun mal so an sich, dass sie im Vorhinein zum Fürchten sind, sich im Nachhinein als harmlos oder völlig falsch herausstellen. Das war noch immer so und daran sind die Prognostiker nicht ganz unschuldig, denn die können ja nicht einmal das Wirtschaftswachstum des nächsten Jahres oder das Wetter des nächsten Monats korrekt vorhersagen.

Tatsächlich würde uns ein bisschen weniger Alarmismus nicht schaden, denn davon leben nur die Zeitungen gut. Wir haben aber genug Klimadaten aus der Vergangenheit, um daraus die richtigen Schlüsse für unser Verhalten in der Gegenwart zu ziehen.

Das Ökosystem der Erde hat bisher jede Klimaveränderung überstanden und nach einer gewissen Reaktionszeit wieder zurück zur Stabilität gefunden. Sehr abrupte Veränderung richten aber immer großen Schaden an, führen zum Aussterben vieler Arten und zum Zusammenbruch menschlicher Kulturen. Die schnellste Klimaänderung gab es am Ende der Eiszeit und diese führte die Menschheit in die falsche Richtung:

6200 vZ brachen die großen Eisstauseen Nordamerikas in den Nordatlantik durch, das viele Süßwasser führte zum Absterben des Golfstroms, das Klima in Europa wurde abrupt kälter und das Getreide im Nahen Osten verdorrte. Die ersten Ackerbau-Kulturen in Anatolien und Nordmesopotamien brachen zusammen, Hunger brach aus und die Menschen fingen an, sich gegenseitig zu bekämpfen, um an die wenige Nahrung heranzukommen. So entstanden die Kriege und das Patriarchat und beide Fehlentwicklungen wurden wir bis heute nicht wieder los. Der Klimaschock dauerte zwar nur 100 Jahre, der Hunger-Schock aber steckt uns bis heute in den Knochen und ist die Ursache unserer Gewaltbereitschaft.

Eine ungebremste Erderwärmung würde in den nächsten 100 Jahren eine ähnlich katastrophale Wirkung haben. Die hochkomplexe Zivilisation würde zusammenbrechen, die Menschheit auf einen Bruchteil dezimiert. Die Gewaltbereitschaft würde erneut eskalieren, es gäbe Hungerkriege, riesige Flüchtlingsströme und Kriege um Nahrung und Wasser. Die Erde und ein Teil der Menschheit würde das zwar überleben, aber wir würden wieder dort anfangen, wo vor 5000 Jahren die patriarchalische Gewaltentwicklung begann. All das kann man sich ja schon in diversen Science-Fiction-Filmen anschauen.

Das muss nicht so kommen. Mit dem Klimaziel, die Erderwärmung auf + 1,5 Grad zu begrenzen und ab 2050 klimaneutral zu wirtschaften, bleibt alles im grünen Bereich und die dann 9,5 Milliarden Menschen hätten genug Brainpower, um ein stabiles Mensch-Natur-Klima-Gleichgewicht aufzubauen. Ist auch gar nicht so schwierig – wir müssen nur zur Kreislaufwirtschaft zurückkehren, wie sie bis vor 50 Jahren weltweit normal und üblich war. Noch unsere Eltern und Großeltern haben nichts verschwendet, sondern alles wiederverwertet und so sparsam gewirtschaftet, dass unsere Abfälle für die Natur kein Problem waren. Es gab nur natürliche Materialien, Glas, Pflanzenfasern, Holz, Steine, Wolle, Tiersehnen, Felle. Damit ließ sich alles herstellen, was die Menschen brauchten. Die Alten bei uns und alle „unzivilisierten" Völker der Welt wissen noch, wie das geht. Wir müssen nur zur Kreislaufwirtschaft zurück, dann passiert gar nichts. Es wird ein bisschen wärmer, aber das kann uns nur Recht sein.

Die Rechnung ist einfach: Keine Verschwendung, natürliche Materialien, Kreislauf- und Gemeinwohlwirtschaft und wir dürfen unser schönes Leben behalten.

Das ist es, was Greta Thunberg und die FfF-Kids fordern. Klingt doch vernünftig. Wir sollten auf unsere Jungen stolz sein und auf sie hören.

Grundbedürfnisse

Aber was ist mit unserem Streben nach immer mehr Wohlstand und unbegrenzten Gütern? Nun, das wird sich nicht mehr ausgehen, ist aber auch gar nicht nötig. Reichtum per se macht nicht glücklich, ganz im Gegenteil. Dafür gibt es so viele Beispiele, dass Film-, Buch- und Gesundheitsindustrie seit 100 Jahren gut davon leben. „Eher geht ein Kamel durch ein Nadelöhr als dass ein Reicher in den Himmel kommt." Da ist was dran, auch wenn man nicht an die Bibel glaubt.

Was wir brauchen, ist die Deckung unserer Grundbedürfnisse. Jeder Mensch braucht Wohnraum, Kleidung, Essen, Wasser, Zugang zur Natur und so viel Geld, dass er seinen Interessen nachgehen und sich fortbilden kann. Dafür reichen die normalen Einkommen der europäischen Durchschnittsbevölkerung vollkommen aus.

Das Problem entsteht durch die Überschussproduktion, die niemand braucht. Kein Mensch braucht so viele Häuser, dass er sie nie bewohnen kann, so viele Autos, dass die in der Garage herumstehen und so viele Kleider, dass man im Kleiderschrank nichts mehr findet. Das können sich alles nur Reiche leisten und die tun das nur um damit anzugeben, um sich von der Mehrheit abzugrenzen. Mehr wie essen, schlafen und arbeiten können die auch nicht. Ihre aus Prestigegründen gekauften Leerstände sind es, die den Planeten ruinieren. Denn die reichsten 10% der Welt verbrauchen 60% der Ressourcen, der Arbeitskräfte und des Geldes. Das ist nicht nur ziemlich sinnlos, sondern widerspricht der Sparsamkeit der Natur. Dort bleibt nur das am Leben, was gebraucht und genutzt wird.

Die Welt hat kein Armuts- sondern ein Verteilungsproblem. Mit der vorhandenen Nahrung und den bereits produzierten Gütern könnten auch 10 Milliarden Menschen ihre Grundbedürfnisse soweit decken, dass sie ein sorgenfreies Leben führen und nebenbei Tiere und Pflanzen am Leben lassen könnten. Alles kein Problem, wenn wir aus unserer völlig idiotischen Prestige-Sucht aussteigen. Warum muss ich mehr haben als mein Nachbar? Damit ich ein Leben lang mit Neid und Eifersucht beschäftigt bin statt mit Liebe und Glück? Welcher Idiot hat sich diesen Schmarrn ausgedacht?

Den Großteil unserer Geschichte lebten wir Menschen in der Gemeinwohlwirtschaft. Die Felder wurden gemeinsam bestellt, die Feldfrüchte gerecht geteilt. Alle wurden satt und saßen am Abend gemütlich am Feuer, um sich Geschichten zu erzählen. Schöner geht's nicht. Das ist das Paradies der Urzeit, in das wir uns alle zurücksehnen. Da können wir auch wieder hin, wenn wir uns keine sinnlosen Dinge einreden lassen, die wir gar nicht brauchen. Dinge, die wir nicht nutzen, belasten nämlich mehr als sie uns guttun. Drum schmeißen wir sie ja auch schnell wieder weg, weil sie bald nur mehr eine Last sind. Einfacher ist es, wir kaufen sie erst gar nicht und genießen das, was wir täglich gern in Händen halten. Schöne Dinge, die wir lieben. Nette Menschen, mit denen wir gern zusammen sind. Interessante Aufgaben, die uns faszinieren.

Das wollen die Jungen und das steht ihnen auch zu. Viele brauchen nicht einmal ein Auto, wenn es U-Bahn und Bus gibt. Es ist genug Wohnraum da, wenn jeder Mensch sich mit 25 m2 zufriedengibt, dann kann eine Jungfamilie auch 100 m2 haben. Was nicht geht, ist dass die Reichen alle Häuser aufkaufen, sodass für die Jungen nichts mehr übrig bleibt. Das ist nicht nur sinnlos und unnütz, es ist vor allem unmoralisch und asozial.
Also Schluss damit.

Grundeinkommen

Die Menschheit würde weniger als die Hälfte des heute herumgeisternden Kapitals brauchen, wenn jeder Mensch sich mit der Deckung seiner Grundbedürfnisse zufrieden gäbe. Die andere Hälfte ist unnützer Ballast, den die Reichen verwalten, ohne wirklich Sinnvolles damit anfangen zu können. Meistens werfen sie es zum Fenster raus, weil sie es unbewusst wieder loswerden wollen. Wie dumm ist das denn?

Wir brauchen nur eine einigermaßen gerechte Verteilung des Geldes, damit niemand arm ist und alle das tun können, was ihnen wichtig ist. Ein ganz simpler Weg dorthin ist das bedingungslose Grundeinkommen. Wenn alle 7,8 Milliarden Menschen, angepasst an die Kaufkraftparität ihrer Länder, ein Grundeinkommen bekommen würden, reichten dafür 15% bis 20% des Weltbruttoprodukts aus. Ein Bruchteil des auf der Welt vorhandenen Geldes würde die Armut für alle Zeiten abschaffen und einen enormen Wachstums- und Konsumschub auslösen. Vor allem aber einen riesigen Bildungsschub, denn wenn sich keiner mehr Existenzsorgen machen muss, tut jeder wahrscheinlich das, was er am liebsten tut. Das heißt in der Regel, dass er sich fortbildet.

Dabei ist es egal, ob einer gern Golf spielt oder Physikbücher liest, Fußball spielt oder Medizin studiert, denn mit jeder Tätigkeit kann man Geld verdienen, wenn man darin gut genug ist. In der Top-Liga verdienen die Golfspieler mehr als die Chefärzte im Krankenhaus.

Keine Angst, die Menschen werden nicht faul herumsitzen, denn das wird nach wenigen Wochen langweilig. Sie werden Neues ausprobieren und alles lernen, was sie interessiert. Nach der spielerischen Lernphase wollen die meisten Menschen beweisen, dass sie etwas können und das artet in der Regel in Arbeit aus, die auch bezahlt wird. Damit können die meisten Arbeitnehmer ihr Einkommen aufbessern bis zu der Höhe, die ihnen wichtig ist. Sie behalten aber die Freiheit der Entscheidung, wie sie ihr Leben und ihren Lebenslauf gestalten.

Alle 7,8 Milliarden Menschen werden gewissermaßen Aktionäre der Firma Menschheit. Aktionäre bekommen Dividenden, auch wenn sie keinen Finger für die jeweilige Firma rühren. Das Weltbruttoprodukt wird sowieso bald von Maschinen und Algorithmen erwirtschaftet, alle Finanzcoachs empfehlen ihren Klienten, sich im Internet ein arbeitsloses Einkommen aufzubauen. Das kann man doch gleich gerecht verteilen.

Das Grundeinkommen wird unbezahlte Arbeit für das Gemeinwohl aufwerten. Forschung, Kunst und soziale Tätigkeiten werden dann von der Motivation der Tätigen gesteuert und nicht von den Geldern internationaler Konzerne. Pharmaforschung z.B. kann dann von Spezialisten gemacht werden, die nur der Gesundheit und nicht einem Konzern verpflichtet sind. Kunstwerke entstehen aus dem inneren Antrieb des Künstlers und sind nicht von öffentlichen Subventionen abhängig. Nachbarschaftshilfe wird dann nicht mehr vom Parteienproporz kontrolliert, der sich die Sozialeinrichtungen als Machtbasis sichert. Jeder Bürger ist dann ein Aktionär des Staates, der seine Dividenden nach eigenem Ermessen nutzen kann. Je besser das Gemeinwohl funktioniert, desto höher kann das Grundeinkommen pro Bürger ausfallen. Wer mehr Geld braucht, wird weiterhin ein bezahltes Arbeitsverhältnis eingehen.

Die „Faulen" bekommen halt nur das Grundeinkommen, können in ihrer „faulen" Zeit Kinder erziehen, ein Studium machen, ein Projekt entwickeln oder über den Sinn des Lebens nachdenken. Wenn ihnen das irgendwann reicht, werden sie fleißig und verdienen entsprechend mehr. Die Workaholics können sich auch eine Jacht kaufen. Aber wie viele brauchen schon eine Jacht oder einen Porsche? Das ist meist eh nur Angeberei.

Schwarmintelligenz

Die Welt ist so kompliziert geworden, dass die meisten den Überblick verloren und es aufgegeben haben, die Zusammenhänge verstehen zu wollen. Wenn nicht einmal die Nobelpreisträger verständliche und überzeugende Theorien liefern können, wie soll das dann der kleine Mann schaffen? Also konzentriert sich jeder auf sein Spezialgebiet, werkelt vor sich hin und ist froh, wenn er in Ruhe gelassen wird.

Diese Kurzsichtigkeit der Spezialisten kann sich die Welt aber nicht mehr leisten, denn unser Menschheitstanker steuert schon seit langem in eine gefährliche Richtung. Wir können noch so große Titanic-Schiffe bauen, wenn erst die Eisberge kommen, gehen die trotzdem unter.

Unsere Unfähigkeit, komplexe Inhalte zu erfassen, entstand durch einen Denkfehler. In 5000 Jahren Patriarchat haben wir uns angewöhnt, hierarchisch zu denken und zu handeln. Bei wichtigen Entscheidungen müssen wir immer zuerst die Chefs fragen, bevor wir etwas tun. Denn sonst wird man um einen Kopf kürzer gemacht, das wissen wir aus leidvoller Erfahrung.

Tiere können sich hierarchische Rückfragen nicht leisten, denn dann leben sie nicht lange. Wenn sie bei Gefahr erst den Oberbullen fragen, ob sie weglaufen sollen, dann sind sie tot, bevor eine Antwort kommt. Alle Herden und Fischschwärme haben daher ein eingebautes Navigationssystem, das ihnen blitzschnell sagt, wann, wohin und wie schnell sie laufen sollen. Sie folgen einfach ihrem Vordermann (oder Vordertier) und machen dieselbe Bewegung wie dieser. Dadurch bewegt sich ein Schwarm wie ein einziger

Organismus blitzschnell in dieselbe Richtung. Der Schwarm ist dem Einzeltier überlegen, weil er hunderte Augen und Ohren hat und daher alle Gefahren aus allen Richtungen erkennt. So kann eine Huftierherde blitzschnell die Richtung ändern, sobald ein einziges Tier ein Raubtier im Dickicht erkennt.

Dasselbe passiert in der Internet-Crowd. Wenn einer eine gute Idee hat, breitet sich diese viral blitzschnell aus und alle profitieren davon. Mit Crowd-Funding kann man schnell die verrücktesten Unternehmungen starten. Crowd-Wissen ist nahezu unendlich groß und allen Mitgliedern zugänglich.

Schwarm-Intelligenz ist nichts anderes als horizontale Vernetzung. Alle Fische eines Schwarms sind gleichberechtigt, miteinander in Kontakt und durch eine schnelle Informationsübertragung auf dem gleichen Stand. Was im Internet durch die Datenübertragung passiert, geschieht im Schwarm durch die Bewegungsimitation. Nachmachen geht blitzschnell und so breitet sich eine Gefahrenwarnung in Sekundenschnelle von einem Ende des Schwarms bis zum anderen aus.

Menschenmassen haben übrigens dasselbe Imitationsverhalten wie Tiere. Das nutzen Propagandisten aus, indem sie laut „Haltet den Dieb" schreien, sofort reagiert die gesamte Menschenmenge, ohne nachzudenken, ob es überhaupt einen Dieb gibt und wie der aussieht. Je nach Mode heißt der Dieb dann Ausländer, Jude, Ketzer, Kommunist oder Kapitalist.

Für die komplex vernetzte Gesellschaft der Gegenwart reicht es nicht mehr aus, dass alle auf Zuruf in dieselbe Richtung laufen. Das geschieht zwar immer wieder, ist aber zunehmend dysfunktional, weil dabei zu undifferenziert über alle Einzelmeinungen drübergefahren wird. Dies führt nur zur Diktatur, deren uniformes Schwarmverhalten den Bedürfnissen der Individuen aber niemals gerecht wird.

Sobald es um Staaten und große Gemeinschaften geht, braucht es eine komplexe Schwarmkommunikation. Vor diesem Problem standen vor 300 Millionen Jahren schon die Ameisen und Bienen. Sie lösten das Problem durch Geruchskommunikation, ähnlich wie die Zellverbände in unserem Körper. Für jede Notwendigkeit im Ameisenstaat gibt es ein eigenes Geruchsmolekül, das alle Ameisen kennen und erkennen. Wenn Ameisenpioniere neue Wege entdecken, die z.B. zum Futter in einer menschlichen Speisekammer führen, dann markieren sie den Weg mit ihrem Geruchsmolekül für Futter. Alle anderen Ameisen folgen diesem Weg und markieren ihn auch, sodass der Geruch bald unüberriechbar wird. So entstehen die Ameisenstraßen, die die Hausfrauen in den Wahnsinn treiben, weil die Ameisenstraße nicht verschwindet, selbst wenn man alle Ameisen darauf immer wieder tötet. Für andere Aufgaben (Aufzucht, Verteidigung) gibt es andere Botenstoffe, die sich viral ausbreiten wie ein Video im Internet. So wissen immer alle Ameisen, was zu tun ist, und der Ameisenstaat funktioniert perfekt – ohne jede Kommandostruktur, mit reiner Schwarmintelligenz.

So funktionieren auch die Jugendlichen. Videos, Musik, Ideen – alles verbreitet sich viral im Netz. Die Anzahl der Likes hat die Funktion der Geruchsspur übernommen. Wenn eine Info 100.000 Likes hat, dann wird sie unwiderstehlich und wird von weiteren Millionen Usern heruntergeladen. Ob etwas geliked wird, entscheidet nicht die Ratio, sondern das Bauchgefühl: Es gefällt oder gefällt nicht. Jeder menschliche Körper funktioniert wie ein Ameisenstaat, in unserem Körper tauschen die Zellen ebenfalls ständig Botenstoffe aus, die von anderen Zellen gerochen werden. Die gesamte Zell- und Nervenkommunikation führt zum intuitiven Bauchgefühl, nach dem sich wiederum menschliche Gemeinschaften abstimmen. Über Likes und verbale Zustimmung bilden sich menschliche Gemeinschaften, die durch gemeinsame Interessen verbunden sind.

Im Unterschied zu den Ameisenstaaten brauchen Menschen unendlich viele Botenstoffe, die Geruchsmoleküle reichen nur für die biologischen Funktionen wie Sex, Partnerwahl, Kampfbereitschaft und Kinderpflege aus. Die Biomoleküle werden in ihrer Informationsfunktion daher von Sprachbegriffen abgelöst. Die sind tatsächlich unendlich und bei Bedarf werden einfach neue Begriffe gebildet. Durch Sprache und Internet hat der Mensch eine globale Schwarmintelligenz ausgebildet, die bei allen aktuellen Kommunikationsthemen funktioniert. Sie verbindet bei Musiksongs, Innovationstechniken, Modetrends und vielem mehr. Hierarchisch-patriarchalische Kommunikationsmonopolisierung ist dabei nicht nur überflüssig, sondern sogar extrem hinderlich. Die Jungen werden daher die Hierarchien und deren Monopole abschaffen, sobald sie etwas zu sagen haben.

Bedarfsgerecht wirtschaften

Die freie Marktwirtschaft hat in den letzten 100 Jahren die Bereitstellung von so vielen Gütern ermöglicht, wie es in der Geschichte der Menschheit noch nie der Fall war. Der materielle Wohlstand ist weltweit gewachsen und erfasst nach Europa, Amerika, Australien, Asien wohl bald auch Afrika, sodass im Jahr 2050 global ein Wohlstand erreicht werden wird, wie es 1950 nur in wenigen westlichen Ländern der Fall war.
Nun wünschen sich alle Menschen auf der Welt genügend Nahrung, Kleidung, Wohnraum und technische Unterstützung. Gegen dieses Streben nach materiellem Glück ist nichts zu sagen und in wenigen Jahrzehnten werden wir diesbezüglich die weltweite Vollversorgung erreichen.

Leider ist diese Vollversorgung aller Menschen mit einer eklatanten Übernutzung unseres Planeten verbunden und wird daher nach kurzer Zeit wieder zusammenbrechen, wenn wir unser Wirtschaftssystem nicht intelligenter machen.

Das Märchen von der intelligenten Hand des Marktes, der alles von selber regelt, ist eben nur ein Märchen und hat mit der Realität nichts zu tun, auch wenn die Neoliberalen uns das immer noch weismachen wollen. Adam Smith hat das so auch nie gemeint und die Marktwirtschaft funktioniert nur, solange Produzenten und Konsumenten die vorhandenen Güter über die freie Preisbildung optimal verteilen.

In Wirklichkeit ist unsere Wirtschaft seit 50 Jahren produktionsgetrieben. Produzenten und Investoren haben diffizile Manipulationsmethoden entwickelt, um nachlassenden Konsum an die Überproduktion anzupassen. Diese Manipulation nennt sich verharmlosend „Werbung".

In traditionellen Volkswirtschaften ist Werbung nicht nötig, es reicht, die Waren auf den Märkten zu zeigen, dann werden sie auch gekauft, sofern sie gebraucht werden. Unnützes Zeug wird sehr schnell nicht mehr hergestellt.

In wachsenden Volkswirtschaften ist Werbung notwendig, um hohe Stückzahlen zu erreichen, damit die Produktion zu verbilligen und dadurch immer neue Kunden zu gewinnen.

In saturierten Volkswirtschaften wird Werbung lästig, destruktiv und manipulativ. Wenn der Zenit des Bedarfs überschritten ist, müssten die Produzenten die Stückzahlen zurückfahren. Das wollen sie natürlich nicht und deshalb versuchen sie, über unbewusste Suggestion einen Bedarf zu generieren, der bei den Konsumenten gar nicht vorhanden ist. Die Werbepsychologie ist zum wichtigen Wirtschaftsfaktor geworden, über Marken werden Illusionen erzeugt und massenpsychologisch verbreitet.

Die Werbesuggestion appelliert an evolutionär geprägte Trigger: Sex, Sicherheit, Glück, Vergnügen, Schönheit, und vor allem an das Prestigebedürfnis, das in der menschlichen Verhaltensbiologie die soziale Differenzierung antreibt. Wer mehr teure Prestigeobjekte vorzeigen kann, steigt vermeintlich in der sozialen Hierarchie auf.

Das Prestigebedürfnis hat keine Obergrenze und ist nicht bedürfnisorientiert. Wer viele Autos, viele Häuser und Yachten besitzt, steigert sein Prestige, verwenden kann er nur ein Auto und ein Haus, die Yacht ist schon nur mehr ein teures Spielzeug.

Die Überproduktion wird über die ständige werbepsychologische Manipulation des menschlichen Geltungsbedürfnisses erreicht. Sie ist weder nötig noch sinnvoll. Ja, sie ist gefährlich, weil sie unseren Planeten zerstört.

Durch die Endlichkeit unserer Ressourcen müssen saturierte Gesellschaften wieder zur realen Bedürfnisdeckung zurückkehren. Sobald die innovative Revolution ein Land entwickelt hat, ist Werbung weder nötig noch sinnvoll. Durch den globalen Marktplatz des Internets entsteht ein einziger Markt, der konsumgetrieben zur Herstellung der tatsächlich gebrauchten Güter führt, wenn die Konsumenten sich nicht mehr für den Missbrauch durch Werbung zur Verfügung stellen.

Jeder Konsument, der einen bestimmten Gegenstand tatsächlich braucht, kann diesen sofort im Internet bestellen und nach Hause geliefert bekommen. Was er nicht braucht, wird er schlicht und einfach auch nicht suchen. Dadurch entsteht die echte Marktwirtschaft, die wir derzeit nicht haben, weil die Riesenkonzerne über riesengroße Werbesummen den Markt manipulieren. Durch 3D-Drucker und Internet-Austausch sind große Stückzahlen nicht mehr notwendig und können auch sehr individuelle Produkte ihre Konsumenten finden.

Dies zeigt sich bereits im Buchmarkt. Der wird zwar zurzeit noch von Konzernen dominiert und gebremst. Große Verlage akzeptieren nur Manuskripte, die voraussichtlich das große Werbebudget wieder hereinspielen, das für die Markteinführung des Buches ausgegeben wird. Die geistige Güte der Bücher spielt dabei wenig Rolle. Dies führt seit langem dazu, dass am Bestseller-Markt nur mehr fade Massenware produziert wird. Wirklich gute neue Ideen sind längst in den Self-Publishing-Bereich abgewandert, der ohne Werbebudget auskommt. Die Arbeit des Autors ist meist das Billigste am Buch. Da Self-Publisher sich meist mit sehr wenig begnügen, explodiert zurzeit die Ideenvielfalt am Buchmarkt, sodass auch Kleinstauflagen ihre Leser finden. Das tut dem globalen Ideenaustausch gut. Der Verzicht auf Werbung heizt die Ideenentwicklung an und zerstört die Marktmacht traditioneller Manipulatoren.

Die Jungen haben das längst erkannt und gehen immer individuellere Wege. Viele verweigern das Marken-Prestige-Denken, merken, dass sie gar kein Auto brauchen und dass Häuser nur Mittel zum Zweck sind, aber kein Selbstzweck. Indem sie die Werbemanipulation verweigern, können sie sich ihre ganz individuellen Lebenswünsche erfüllen. Wer auf einem Boot lebt, braucht kein Haus, wer um die Welt reist auch nicht. Warum also seine Freiheit aufgeben und sich versklaven lassen, damit man ein Leben lang die Raten für eine völlig überteuerte Immobilie abbezahlen kann?

Für unsere Jungen sind materielle Grundbedürfnisse wichtig, sie erkennen aber, dass immaterielle Bedürfnisse noch wichtiger sind. Glück entsteht durch Liebe, Freude und Kreativität, nicht durch einen unbenutzten Fuhrpark.

Somit wird in entwickelten Gesellschaften langfristig die Güterproduktion zurückgehen. Das wird unseren Planeten retten und eine völlig neue Art des Wirtschaftens erzwingen.

Schenken, lieben, fördern

Statt Werbung brauchen wir wieder Kommunikation von Mensch zu Mensch. Auf den Dorfmärkten in Frankreich und Italien ist das noch so. Alle strömen dort zu den Märkten, weil man dort nicht nur frisches Essen bekommt, sondern auch Neuigkeiten und Unterhaltung. Wenn man sich einige Zeit mit den Marktleuten, Nachbarn und Freunden unterhalten hat, geht man zufrieden mit seinen gefüllten Körben nach Hause. Am Abend sitzt man noch mit Freunden beim Wein zusammen und die Unterhaltung geht weiter. So lässt sich's leben.

Das Bedürfnis nach Kommunikation in sozialen Netzwerken wird von Facebook, Instagram und Co. bedient. Dies führt zu emotionalem und geistigem Austausch. Der ist zwar zunächst digital, oft trifft man sich aber dann doch in Kaffeehäusern, auf Demos oder bei Events.

Die Urform des menschlichen Zusammenlebens ist das Indianer-Dorf. Alle Stammesmitglieder leben an einem Platz, jeder in seinem Zelt. Dazwischen spielt sich das Leben ab. Alle arbeiten gemeinsam, kommunizieren dabei und sind nie allein. Die Güter werden geteilt, jeder bekommt was er braucht. Eigentum gibt es nicht, Güter hat man nur, solange man sie nutzt. Sobald man genug von etwas hat, tauscht man es gegen etwas Neues oder schenkt es her. Deswegen gibt es kaum Neid, Beliebtheit und Kontakt sind viel wichtiger als alle Gegenstände zusammengenommen. Wenn man ein Werkzeug braucht, baut man es sich selbst, tauscht es ein oder borgt es sich aus. Wenn jemand etwas besser konnte als andere, brachte er es denen bereitwillig und kostenlos bei, denn dafür bekam er ja Anerkennung und Zuwendung.

Gemeinsame Rituale, Tänze, Gesänge bieten Unterhaltung und stärken den Zusammenhalt. Wer eine besondere Leistung erbringt, bekommt nicht mehr Güter, sondern einfach mehr Aufmerksamkeit und Anerkennung. So geht artgerechte Menschenhaltung

Anerkennung ist die seelische Nahrung, die jeder Mensch braucht. Wir tun nahezu alles, um Anerkennung zu bekommen, beim Militär töten wir sogar dafür, dass uns der Vorgesetzte dann einen Orden umhängt.

Durch das militärische Patriarchat wurde die Anerkennung von den Mächtigen monopolisiert, sodass man sie nur mehr von oben und nicht von seinem Netzwerk bekam. Alle Moralvorschriften und Bewertungen von Menschen dienen diesem Monopol und schaffen damit ein chronisches Anerkennungsdefizit, das die Macht der Hierarchie stabilisiert, denn seitdem tun wir alles, damit die Chefs mit uns zufrieden sind.

Die Jungen wollen das nicht mehr. Sie wollen nicht mehr von einem missliebigen Chef abhängig sein. Sie wollen Freiheit, Zuwendung und Anerkennung im Überfluss haben und entdecken, dass sie dies alles auch bekommen, wenn sie sich gegenseitig anerkennen. In diesem Sinne werden sie auch die Gesellschaft der Zukunft organisieren: als großes globales Indianerdorf, in dem es keine besseren und schlechteren Menschen gibt sondern nur beliebte und unbeliebte.

Lebensgestalt

Wenn die Jungen erst ihr globales Indianerdorf errichtet haben, werden alle wieder so viel Zuwendung, Anerkennung und Kommunikation haben, wie sie brauchen. Bei Abdeckung der Grundbedürfnisse und der Zuwendungsbedürfnisse entsteht bei jedem Menschen ein Bedürfnis nach Selbstverwirklichung und dieses führt unweigerlich zu kreativen Ideen. In der positiven Kommunikationsgesellschaft der Zukunft hat jeder die Chance, sein höchst persönliches Ding zu machen und wird es auch tun.

Was immer uns zum Ticken bringt, jeder Mensch hat eine Lieblingsbeschäftigung, die ihn begeistert und die er am liebsten ständig tun würde. Immer mehr Junge entdecken, dass man nicht nur davon träumen, sondern es tatsächlich zum Inhalt seines Lebens machen kann. Ob es sich um Tennis, Fußball, Musik, Tanzen, Schauspiel, Film, Erfinden, Programmieren oder was auch immer handelt – die Zukunft der Jungen liegt in ihren Lieblingstätigkeiten, wenn sie diese zur Meisterschaft bringen. Bei einiger Begabung und Motivation kann man jede Tätigkeit perfektionieren, wenn man sie 10.000 Stunden lang übt. Soviel Übung brauchen unsere Gehirnzellen, um all die Programme auszubilden, die für komplexe und kreative Tätigkeiten notwendig sind. 10.000 Stunden - das klingt nach viel. Ist es aber gar nicht. Bei einer normalen 40-Stunden-Woche beschäftigen wir uns 2000 Stunden pro Jahr mit derselben Tätigkeit, haben die 10.000 Stunden also nach 5 Jahren erreicht. Das entspricht auch der Erfahrung aller Handwerker, die nach 3 Jahren zum Gesellen und nach 5 Jahren zum Meister werden können. Wichtig ist nur, dass man sein Handwerk liebt und sich 5 Jahre lang darauf konzentriert. Danach kann man ein Leben lang als Meister seine Kunst genießen und sich daran erfreuen.

Dies ist ein einfaches neurophysiologisches Faktum. Länger als 10.000 Stunden braucht kein gesundes Gehirn, um sich an jede denkbare Herausforderung anzupassen. Das Erreichen dieses Zielzustandes wird dann mit dem Glückszustand der Meisterschaft belohnt. Wenn man in seine Lieblingstätigkeit hineingewachsen ist, erreicht man sehr schnell den Flow-Zustand, wo alle Großhirnzellen sich auf die Tätigkeit ausrichten, hochkonzentriert und effizient werden und jede Menge Glückshormone ausschütten. Dies ist die Fähigkeit und das Recht jedes Menschen. Dazu haben wir von der Evolution unser Riesenhirn bekommen.

Erwachsene, die den Flow-Zustand nicht erreichen, sind falsch erzogen und ausgebildet worden. Sie wurden meist daran gehindert, möglichst schnell ihre 10.000 Lieblingstrainingseinheiten zu absolvieren und sind deshalb unglücklich. An diesem empirisch überprüften neurophysiologischen Faktum erkennt man die Idiotie unseres Schulsystems. Dieses produziert großteils Menschen, die auch nach Abschluss eines Studiums im Alter von 25 bis 28 Jahren immer noch keine Meisterschafts-Fähigkeit entwickelt haben, die ihnen den Flow-Zustand garantiert. Dies passiert, wenn sie sich bis dahin vor allem mit Tätigkeiten beschäftigen mussten, die sie nicht gerne tun, also nicht mit ihrem Talent, sondern mit allem Möglichen, für das sie keine Begabung haben.

Wer hingegen schon in jungen Jahren seiner Leidenschaft folgt, kann sehr bald ein Meister sein. So war Mozart nicht nur ein musikalisches Wunderkind, sondern schon im Alter von 15 Jahren der beste Komponist aller Zeiten. Weil er zufällig einen Vater hatte, der wollte, dass er sich nur mit Musik beschäftigt.
Wenn man erst eine Meisterschaft entwickelt hat, sind auch weitere möglich. So sind viele Kreative, z.B. Andre Heller, in vielen Bereichen kreativ und werden dadurch zum Multitalent.

Wenn manche Fähigkeiten sich erst spät entwickeln dann deshalb, weil sie eine komplexe Kombination von verschiedenen Talenten erfordern, die man alle entwickeln muss, um am Ende eine völlig neue Tätigkeit zu erfinden. Dann wird meist das ganze Leben zu einem Gesamtkunstwerk, dessen Gestalt sich erst im Nachhinein offenbart. Dann erkennt man erst im Alter, wie sich alles, was man gelernt hat, in der zweiten Hälfte des Lebens zu einer Ganzheit zusammenfügt

Jeder Mensch ist geboren, um sein Leben zu einem solchen Gesamtkunstwerk zu machen und dabei glücklich zu werden.

Bald werden die Jungen der Zukunft sich mit weniger als einem kreativen Leben nicht mehr zufrieden geben.

Dafür haben sie begonnen zu kämpfen. Sie werden nicht aufhören zu demonstrieren, bis ihr Ziel erreicht ist.

Unterstützt Fridays for Future, geht auf die Straße, für das Klima, die Natur und eine bessere Welt.

Danksagung

Ich danke meinen Kindern Anna und Daniel, die mir Kindheit und Wachstum in immer neuen Formen nahe gebracht haben.

Ich danke meinen vielen Therapie-Kindern, die mir in den letzten 40 Jahren ihre Sorgen und Ängste gezeigt und mir damit die Probleme des Heranwachsens in tausenden Geschichten erzählt haben.

Ich danke Marcel und Lisa Golda, Steffi Metz und ihren Kindern Bo und Yves, Djalila NasfiGälli und ihren Töchtern, all meinen Großnichten und Großneffen – all den jungen und junggebliebenen Menschen, die nicht aufgeben und nicht ruhen, weil sie unsere Welt als einen lebenswerten Planeten erhalten wollen.

Nicht zuletzt danke ich allen Lesern, die sich mit den Gedanken in diesem Buch auseinandersetzen, sich davon anstecken lassen und die Fackel des Lebens und der Kreativität in alle Richtungen weitertragen. Um Neues zu entdecken und Gutes zu bewahren sind wir Menschen auf dieser Welt. Damit das Leben und sein Wachstum weitergeht für all die Zeit, in der es noch Leben gibt.

Literaturverzeichnis

Adler, A: Über den nervösen Charakter. Vandenhoeck & Ruprecht 2008

Aivanhov, O: Antwort auf aktuelle Fragen. Prosveta 2011

Arlamovsky, M: Future Baby. Falter 2017

Armbruster, K: Das Muttertabu oder der Beginn von Religion. Editioncourage 2010

Bott, G: Die Erfindung der Götter 2. BoD 2014

Bregman, R: Utopien für Realisten. Rowohlt 2017

Dittmann: Lernen muss nicht scheiße sein. Benevento 2019

Döpfner, M: Wackelpeter & Trotzkopf. Beltz 2017

Dux, G: Die Spur der Macht im Verhältnis der Geschlechter. Springer 2019.

Felber, Ch: Die Gemeinwohl-Ökonomie. Deuticke 2010.

Fukuyama, F: Das Ende der Geschichte. Wo stehen wir? Kindler 1992

Gebeshuber, I: Wo die Maschinen wachsen. Ecowin 2016

Gimbutas, M: Göttinnen und Götter im Alten Europa. Arun Vlg 2010

Gründiger, W: Aufstand der Jungen. C.H.Beck 2009

Gschwandtner, F: So läuft Start-Up. Ecowin 2018

Hariri, Y: Eine kurze Geschichte der Menschheit. Pantheon 2015

Hadrigan, B: #Lernsieg. Edition a 2019

Hüter, M: Kindheit 6.7. Edition Liberi & Mundo 2018

Kaul, I. e.a: Kinder und Kindheiten. Springer 2018

Kern, B: Im Freien. Abenteuer vor der Tür. Fischer 2019

Kessler, C: Wilder Geist, Wildes Herz. Kamphausen 2016

Korczak, J: Wie man ein Kind lieben soll. Vandenhoeck & Ruprecht 2018

Lange, A: Handbuch Kindheits- u Jugendsoziologie. Springer 2018

Largo, R: Das passende Leben. Fischer 2018

Liedloff, J: Auf der Suche nach dem verlorenen Glück. C.H.Beck 2017

Lorenz, K: Das sogenannte Böse. Dtv 1998

Lovelock, J: Gaia, die Erde ist ein Lebewesen. Fischer 1992

Maslow, A: Die Psychologie des Seins. Kindler 1973

Morland, P: Die Macht der Demographie. Ecowin 2019

Naimark, N: Genozid. Theiss 2018

Nawroth, P: Gebt der Medizin ihren Sinn zurück. Springer 2019

Nixey, C: Heiliger Zorn. DVA 2019.

Opelt, R: Die Kinder des Tantalus. Czernin 2002.

Opelt, R: Familienmuster. Czernin 2008.

Opelt, R: Amors vergiftete Pfeile. Kneipp Vlg Wien 2009

Opelt, R: Müde Ehe. Kneipp Vlg Wien 2013

Opelt, R: Tantalus´Welt. CreateSpace 2016

Opelt, R: Das Glück der Kinder. Wie Erziehung gelingt. CreateSpace 2017a

Opelt, R: Die Königin von Kreta: Stierspringer. CreateSpace 2017b

Opelt, R: 2100. Die neue Welt. CreateSpace 2018

Opelt, R: Die Unterdrückung der Frauen. Amazon 2019a

Opelt, R: Kinder-, Jugend- und Familientherapie. Independent Publishing 2019b

Opelt, R: Die Macht der schwarzen Magier. Independent Publishing 2019c

Opelt, R: Das Ende des Patriarchats. Die globale Gesellschaft der Frauen. IP 2019d

Pauen, S. e.a.: Entwicklungspsychologie im Kindes- und Jugendalter. Springer 2016

Revers, W: Frustrierte Jugend. Otto Müller 1968

Roberts, A: Spiel des Lebens. WBG Theiss 2019S

Rogers, C: Entwicklung der Persönlichkeit. Klett-Cotta 2018

Robinson, K: Dein Kind, die Schule und Du. Ecowin 2018

Scheiblhofer, I: Kräuterwanderung mit Kindern. Servus 2019

Schulmeister, S: Der Weg zur Prosperität. Ecowin 2018

Serafin, M: Delinquenz-Verläufe im Jugendalter. Springer 2018
Tippelt, R: Handbuch Bildungsforschung. Springer 2018
Toynbee, A: Der Gang der Weltgeschichte. 4 Bände. Dtv 1970
Van Lommel, P: Endloses Bewusstsein. Patmos 2014
Von Werlhof, C: Die Verkehrung. Promedia 2011
Welzer, H: Alles könnte anders sein. Fischer 2019
Wolf, D: Das wunderbare Vermächtnis der Steinzeit. BoD 2017

Leserstimmen

„Großartig, was Sie da schreiben. Ich bin begeistert. Erinnert mich an den Film „Alphabet" mit den Sterns und jetzt wieder aktuell an „Digital Africa". Hinreißend. Ich bin wie Sie der Meinung, dass Afrika der Kontinent der Zukunft ist. Diese Kreativität, diese Lebensfreude trotz der Armut und Korruption, trotz der Ausbeutung, Unterdrückung und militärischen Diktatur, wie z.B. In Ägypten. Ihr Buch müsste Pflichtlektüre sein für LehrerInnen, PolitikerInnen und ELTERN. Wie erbärmlich ist doch die heutige Welt, wenn man/Frau bedenkt, wie sie sein könnte."

Doris Wolf, Autorin von „Es reicht. 5000 Jahre Patriarchat sind genug"

Weiterlesen?

Folgend einige Bücher des S.A.W. Verlages

Tantalus' Welt:

Warum gibt es Kriege? Gehört Gewalt zum Wesen des Menschen? Lässt sich seelisches Leid auf Krieg und Gewalt zurückführen?

Die Erfahrung extremer Gewalt prägt das Nationalbewusstsein. Gleich ob Siege oder Niederlagen, die stärksten kriegerischen Ereignisse ihrer Vergangenheit erklären, wie eine Nation beschaffen ist – optimistisch oder pessimistisch, defensiv oder offensiv. Für immer neue Anläufe zur Macht ist Krieg das probate Mittel. Die brutalsten Krieger sind die Helden jeder Nationalgeschichte.

Langsam dämmert uns, dass wir auf einem zu eng gewordenen Planeten uns Kriege nicht mehr leisten können. Doch immer noch hinterlassen Granaten und Gewehre üblen Nachhall in den Seelen der Menschen. Die Verleugnung des Schadens durch Männer, die Kriege wollen und nutzen, verankert Gewalt in den Seelen und führt zum tödlichen Kreislauf, der sich Generation für Generation wiederholt. Nationale Katastrophen wie der erste Weltkrieg, die russische Revolution oder der chinesische Bürgerkrieg traumatisieren ganze Nationen und schädigen ihre Strukturen. Dann liegen nationale Traumata vor, die nur in langen Friedenszeiten verarbeitet werden können. Wenn also die Welt nicht in Krieg und Zerstörung untergehen soll, dann müssen wir die nationalen Traumata überwinden und den Kreislauf der Gewalt durch gute globale Strukturen ersetzen. Von solchen Lösungen handelt dieses Buch. Wir alle haben es in der Hand, ob die Apokalypse oder eine lebenswerte Welt unsere Zukunft sein wird.

Michael Opelt

Lehrerleid und Tinnitus

„Fussvolk", Artquilt von Monika Steiner, 2009

Mit 56 berufsuntauglich
Ein Versuch der Erklärung
Ein Versuch das System zu verbessern

Lehrerleid und Tinnitus

Das Schulsystem in Österreich scheint reformbedürftig, aber auch seit Jahrzehnten resistent gegen Veränderung. Wenn man das System von innen kennt, den Parteieinfluss erkennt, dann drängt sich eine Analogie zur Kriese der VOEST in den 1970er Jahren und ihrer heutigen Stellung auf. Dies umso mehr, da der Autor in Linz an der Donau aufwuchs.

Da sich der Autor eingehend mit Handy-Strahlenbelastung beschäftigte zieht er hier Parallelen, die manchen Leser überaschenwerden.

Einfach eine Geschichte aus dem (Schul-) Leben mit Details zur Tinnituserkrankung des Autors.

Das Glück der Kinder
Wie Erziehung gelingt

Rüdiger Opelt

Das Glück der Kinder:

Wer möchte nicht in einer glücklichen Familie leben? Viele betrachten die Familie als das Wichtigste im Leben. Von ihr wird erwartet, dass sie geprägt ist von liebevollem Umgang miteinander. Den heranwachsenden Kindern soll die Familie Schutz, Geborgenheit und Sicherheit bieten. Doch die Familie ist nicht ohne weiteres eine heile Welt. Das Miteinander muss gepflegt und Konflikte müssen gelöst werden. Die Erziehung der Kinder braucht Zeit, starke Nerven und Geduld. Um diesen Anforderungen gerecht zu werden, muss man wissen, worauf man achten soll und was glückliche Beziehungen in den Familien fördert.

Das Ende des Patriarchats

Rüdiger Opelt

Das Ende des Patriarchats

Die globale Gesellschaft der Frauen

Mächtige Männer haben die Natur zerstört und hören damit nicht auf. Sie holzen die Dschungel ab, vernichten die alten Völker, das Klima, die Fische, das Meer. Wir Männer sind nicht Manns genug, sie zu stoppen. Wir haben es mit Revolutionen und Kämpfen versucht, aber das nutzte nichts. Kämpfe spielten den Militärs in die Hände, sie zeigten uns, wo der Hammer hängt und wie man Protest mit Gewalt pervertiert.

Das Patriarchat und die von ihr abhängige Wissenschaft reduzieren die Welt auf Macht und Geld und richten die Erde zugrunde. Es ist kein Zufall, dass überall alles vernichtet wird, sobald sich der sogenannte „Fortschritt" breitmacht.

Bis wir aus unserer patriarchalen Gehirnwäsche erwacht sind, sollten wir auf die Frauen hören. Die sind der Erde und dem Leben von jeher näher als wir Männer. Sie wissen, wie man Kinder liebt und das Leben nährt. Sie wurden verfolgt und verachtet, weil sie schon immer das Ganze sehen und spüren, was Sinn macht und was nicht. Mit der Weisheit der Frauen kommen Natur, Liebe, Schönheit und Frieden zurück und kommt alles ins Lot.

Bis zum Ende dieses Jahrhunderts wird eine friedliche, egalitäre und ökologische Gesellschaft entstehen, in der Menschen, Tiere und Natur wieder eine Überlebenschance haben.

Im Schatten des Kriegers:

Günter Kahowez wächst mit dem Bewusstsein auf, dass sein Vater als Held in Russland gefallen ist. Alles, was ihm vom Vater blieb, ist dessen Geige.

Günter eifert dem Ideal des Vaters nach, wird Komponist und Professor an der Musikhochschule in Wien.

Mit 52 Jahren entdeckt er das vergessene Tagebuch, das sein Vater auf dem Feldzug in Polen und Russland schrieb. Plötzlich sieht er die Bilder, die sein Vater dort fotografierte, mit anderen Augen. Danach ist nichts mehr, wie es war.

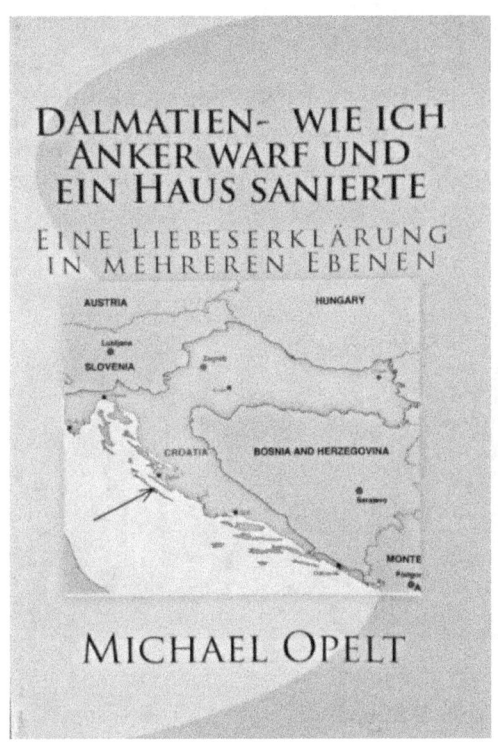

**Dalmatien- wie ich Anker warf und ein Haus sanierte:
Eine Liebeserklärung in mehreren Ebenen.**

Bootfahren in der östlichen Adria, Hauskauf und Sanierung auf
einer mittelkroatischen Insel (Dugi Otok). Kurzweilig geschrieben
mit vielen Fotos. Eine Hommage an die kroatische Inselwelt, ob mit
dem Schiff befahren oder durch die Erfahrungen das
Hausherrichtens.

Eine wichtige Lektüre für jeden, der sich mit dem Gedanken ein
Haus in Kroatien zu kaufen, spielt.

Auch die Geschichte der Kroaten (Illyrer) wird neu erzählt.

Die Legionen des Varus:

Das römische Reich schlug viele erfolgreiche Schlachten. Auf der Höhe des Ruhms erlitt es ein Fiasko, das den Mythos der deutschen Nation begründen half. Die Legionen des Varus bestimmten das Schicksal Europas.

Dieses Buch besteht aus zwei Teilen.

Teil 1 entspricht der Fantasie des Autors und beschreibt den fiktiven Sieg des Varus. Welcher das Schicksal Europas gänzlich anders hätte bestimmen können.

Teil 2 entspricht dem in den Annalen beschriebenen Verlauf der Ereignisse nach Varus tatsächlicher Niederlage.

Vier Wochen für Franz Ferdinand

1917 war Deutschland dabei, den 1.Weltkrieg zu gewinnen, aber das wollten die USA um jeden Preis verhindern, traten in den Krieg ein, als dieser schon entschieden war. Denn sonst wäre Amerika nicht zur größten Supermacht der Welt aufgestiegen. Der vor Eintritt der USA absehbare Sieg der Deutschen hätte schon 1918 zu einer kontinentaleuropäischen Zollunion unter deutscher Führung geführt. Also zu dem, was wir heute unter Angela Merkel haben. Der ganze Wahnsinn der 100 Jahre dazwischen war unnötig und hat die Menschheit und den Planeten an den Rand des Untergangs geführt. Deutschland hätte 1918 Europa geeint und Hitler und Stalin wären nie an die Macht gekommen. 100 verlorene Jahre, die uns heute zittern lassen, ob wir die Erde noch retten können. Denn entgegen ihrer Propaganda haben die USA der Welt nicht die Demokratie gebracht, sondern Kapitalismus, Oligarchie und Umweltzerstörung. Wegwerfgesellschaft und Ölindustrie haben den Treibhauseffekt erzeugt und den Nahen Osten destabilisiert. All das wäre unter den vor 100 Jahren technologisch führenden Deutschen nicht passiert, denn deutsche Wissenschaftler erfanden so vieles, dass Öl- und Atomindustrie wohl nicht die umfassende umweltzerstörende Bedeutung erhalten hätten, wenn Deutschland sich in Ruhe hätte entwickeln können.

Wie dieses Buch zeigt, hätte es nur einer Kleinigkeit bedurft, um den Lauf des 20. Jhdt. zu ändern: Wenn der österreichische Thronfolger Franz Ferdinand vier Wochen später erschossen worden wäre, hätte er seinen unfähigen Generalstabschef entlassen und damit die russische Front früher stabilisiert. Dann wäre der Krieg 1917 längst aus gewesen und das 20. Jhdt. hätte einen friedlicheren und umweltfreundlicheren Verlauf genommen.

Lassen Sie sich überraschen von den historischen Wendungen, die möglich gewesen wären, wenn die Siegermächte England und USA das 20. Jhdt. nicht derart vermasselt hätten, dass unser Planet heute am Rande des Abgrunds steht.

Die Unterdrückung der Frauen

Seit 6000 Jahren sitzt die Menschheit einem Irrglauben auf, der die Menschen unglücklich macht und die Natur zerstört. Dieser falsche Glaube predigt Macht und Gewalt und diffamiert Liebe und Kooperation. Wenige mächtige Männer profitieren davon und raffen alle Ressourcen der Erde zusammen, um damit sinnlos zu protzen. Die Mächtigen und Reichen verteidigen ihre Macht mit allen Mitteln, indem sie ihre Generäle, Manager und bezahlten

Wissenschaftler an alle wichtigen Schaltstellen setzen und mit unverständlichen Theorien die Massen in die Irre führen. Wer immer sich gegen die Machtstrukturen auflehnt, wird mundtot gemacht, in die Armut gestoßen oder mit Krieg überzogen. Dem Egoismus weniger werden alle anderen geopfert: Die Frauen, die Kinder, die Tiere, die Naturvölker, die Wälder, die Meere, die Ökosysteme, das Klima und bald der ganze Planet.

Nur die Weisheit der Frauen kann uns retten, uns zurück zu Harmonie und zum Frieden mit Tieren und Pflanzen führen. Weil die Mütter der Urzeit für eine friedliche Gesellschaft sorgten, werden Mütter und Frauen bis heute unterdrückt und verachtet. Wehe den Mächtigen, wenn die Frauen sich nicht mehr klein halten lassen!

Dr. Rüdiger Opelt,

geboren 1953 in Linz,
Autor, Psychologe, Psychotherapeut,
Seminarleiter, Vortragender.

Der Autor erforschte 40 Jahre lang als
Psychologe, was Menschen
psychosomatisch krank und leidend
macht. Er fand die Ursache unserer
psychischen Probleme in den Fehlern
der Vergangenheit, in Krieg, Gewalt, Leid und Einsamkeit. Diese
These hat er in mehreren Büchern veröffentlicht (Die Kinder des
Tantalus, Familienmuster, Tantalus´ Welt)

Seine große Leidenschaft ist die Geschichte im Besonderen und das
Lesen im allgemeinen. Er ist der Überzeugung, dass die
Erfindungen der Spezialisten durch querdenkende Generalisten
ergänzt werden müssen, um den globalen Menschheitstanker in die
richtige Richtung zu lenken. In mehreren Büchern hat er
nachgewiesen, dass die Vergangenheit bei Vorhandensein einer
Generalisten-Wissenschaft ganz anders hätte laufen können (Die
Legionen des Varus, Vier Wochen für Franz Ferdinand, Die
Unterdrückung der Frauen)

www.opelt.com   r@opelt.com
Rüdiger Opelt lebt in Salzburg, ist seit 36 Jahren verheiratet und hat
zwei erwachsene Kinder.

**Rüdiger Opelt veröffentlichte bisher 24 Bücher, drei wurden
ins Englische übersetzt.**